lonely planet

HANDBUCH FÜR DIGITALE NOMADEN

Praktische Tipps und Inspiration für das Leben und Arbeiten unterwegs

© GAUDILAB / SHUTTERSTOCK

INHALT

DEN SPRUNG WAGEN

DIGITALER NOMADE WERDEN

REISEZIELE

BEVOR ES LOSGEHT

UNTERWEGS

TOP ZIELE FÜR DIGITALE NOMADEN

INSPIRATION: GESCHICHTEN DIGITALER NOMADEN

DEN SPRUNG WAGEN

© THE COATMAN / SHUTTERSTOCK

Bin ich ein digitaler Nomade?

Den Bürojob an den Nagel hängen und einfach mit dem Laptop losfahren und dortbleiben, wo es einem gerade gefällt? Rechnungen am Strand schreiben, Berichte aus Rio verschicken oder mit Kunden verhandeln, während man unter freiem Himmel im Café sitzt? Wer davon träumt, ist schon auf dem besten Weg, ein digitaler Nomade zu werden. Sicher, die Bequemlichkeit und Sicherheit des eigenen Zuhauses zu verlassen und ein neues Leben als ultimativ freier Selbstständiger zu beginnen, mag beängstigend erscheinen. Aber Tausend andere Menschen hatten bereits die gleichen Zweifel und sind schließlich doch losgezogen. Sie werden es nie wissen, wenn Sie es nicht versuchen! Und es könnte der Beginn eines ganz neuen Lebens werden.

Also, warum noch länger warten? Blättern Sie um, lassen Sie sich inspirieren und tun Sie die ersten Schritte, um Ihren Traum vom Leben als digitaler Nomade umzusetzen …

DIE VORTEILE

Wer hat nicht schon heimlich davon geträumt, sein eigener Chef zu sein? Seinen Tagesplan selbst zu bestimmen? Nur das zu tun, was man möchte? Zu arbeiten, wann man will? Als digitaler Nomade bestimmt man selbst, ob man von einem Strandbungalow oder aus einer Hütte im Regenwald arbeitet. Sie brauchen nur einen Laptop und eine schnelle Internetverbindung, und schon ist die Welt, oder zumindest ein großer Teil davon, Ihr Büro.

DIE MÖGLICHKEITEN

Zu Hause weiß man genau, wo der Weg langgeht und was einen am Ende erwartet. Als digitaler Nomade ist die Zukunft offen und man kann spontan entscheiden, wo man als Nächstes Station macht und was man dort tut. Und währenddessen lernt man, ein Business zu führen, sein eigenes Schicksal in die Hand zu nehmen und selbst der Kapitän auf seinem Weg um die Welt zu sein.

DIE MACHBARKEIT

Bei allen Vorteilen haben das gleichzeitige Reisen und Arbeiten als Freiberufler auch ihre Herausforderungen und können lange Arbeitszeiten und finanzielle Ungewissheit bedeuten. Sie werden viel Eigeninitiative aufbringen müssen, um Ihre Marke zu etablieren, Kunden zu finden und offene Rechnungen einzutreiben. Manchmal wird es sich anfühlen, als würden Sie und Ihr Laptop gegen den Rest der Welt bestehen müssen. Rüsten Sie sich also für Höhen und Tiefen – und Sie werden durch Ihre Erfahrungen wachsen.

Was hält mich zurück?

Es gibt immer eine Million Gründe, um etwas Neues und Ehrgeiziges nicht anzugehen. Aber wenn jeder so denken würde, gäbe es keine Weltraumfahrt, keine elektrischen Autos und die größten Rockstars würden noch immer bei Starbucks Cappuccino servieren. Um Zweifel und Ängste zu überwinden, teilt man seinen Plan am besten in kleine Abschnitte ein. Einzeln abgearbeitet sind diese »unüberwindlichen« Hindernisse einfacher zu schaffen, als man gedacht hat.

© HERO IMAGES / GETTY IMAGES

ICH BIN NICHT SICHER, OB ICH SOWEIT BIN

Das denkt jeder vor einer großen Veränderung im Leben, aber herausfinden kann man es nur durch einen Versuch. Bei jedem, der etwas erreicht hat, kamen auf dem Weg dorthin Zweifel auf. Aber vergessen Sie nicht, Sie sind der Kapitän dieses Schiffs. Sie können entscheiden, wann Sie fahren, wohin Sie fahren und sogar – wenn die Dinge sich nicht so entwickeln wie geplant – wann Sie umkehren. Vielleicht beginnen Sie erst einmal mit einem einfachen Reiseziel und einem ausreichenden Budget und planen einen Punkt ein, an dem Sie entscheiden, ob Sie aufhören oder weitermachen.

ICH HABE ANGST, BRÜCKEN ABZUBRECHEN

Etwas zu verändern, bedeutet immer, etwas zu beenden und etwas Neues zu beginnen. Aber dasselbe gilt auch für jeden neuen Job. Nichts währt ewig, und als Herr über Ihr eigenes Schicksal können Sie so lange weitermachen, wie Ihnen Ihre Reise gefällt, und aufhören, wann immer Sie möchten. Und als digitaler Nomade müssen Sie Ihre Beziehungen zu anderen nicht aufgeben. Bleiben Sie in Kontakt mit Freunden, der Familie und Kollegen – so können Sie Ihr Unterstützungsnetzwerk mit auf die Reise nehmen.

© FRED FROESE / GETTY IMAGES

UND WENN MIR DAS GELD AUSGEHT?

Das ist eine berechtigte Sorge. Gehen Sie dagegen an, indem Sie vor Ihrem großen Schritt eine beruhigende Rücklage bilden. Sparen Sie, während Sie noch im Job sind, begleichen Sie alle Schulden und bauen Sie sich ein finanzielles Polster für eine Lücke zwischen eingehenden Zahlungen auf. Legen Sie ein paar Regeln fest: Wie viel Geld brauche ich? Wie lange muss es reichen? Wie viel kann ich ausgeben, bevor ich etwas grundsätzlich ändern muss? Auch wenn Sie den Rückweg antreten sollten, können Sie es zu einem späteren Zeitpunkt immer wieder versuchen.

ICH BIN NICHT ANS ALLEINSEIN GEWÖHNT

Jede Reise, die man allein unternimmt, kann Ängste aufkommen lassen, aber vielleicht ist gerade das der Anstoß, den Sie für die Verwirklichung Ihrer Träume brauchen. Mit jemandem zusammen zu reisen, bedeutet, Kompromisse zu schließen und Entscheidungen zu verhandeln. Als Alleinreisender können Sie Ihre Pläne nach Bedarf ändern. Und allein zu reisen heißt nicht, dass man alleine bleibt. Sie werden mit anderen digitalen Nomaden zusammentreffen und ein ganzes Netzwerk neuer Freunde und Kontakte aufbauen.

ICH MÖCHTE FREUNDE UND FAMILIE NICHT VERLASSEN

Niemand verlässt seine Liebsten gern, aber dank Apps wie Skype und WhatsApp kann man heute leicht in Kontakt bleiben. Eine räumliche Trennung kann Beziehungen belasten, viele schaffen es trotzdem, die Verbindung nicht abreißen zu lassen. Es könnte sogar passieren, dass Ihr Partner schließlich mit Ihnen fährt, oder Sie steuern am Ende beide in eine ganz neue Richtung. Und Sie müssen ja nicht kontinuierlich unterwegs sein: Wenn Ihnen danach ist, können Sie jederzeit Ferien zu Hause machen.

UND WENN ICH NICHT GENUG ARBEIT BEKOMME?

Diese Frage beschäftigt jeden Freiberufler, aber mit der Zeit lernt man, ohne die Sicherheit eines Vollzeitjobs klarzukommen. Und je mehr man für verschiedene Kunden arbeitet, desto leichter wird es in der Zukunft. Halten Sie immer Ihr »Schaufenster« – Website, Blog, LinkedIn-Seite und Soziale-Medien-Profile – up-to-date und benutzen Sie Ihr größer werdendes Netzwerk, um neue Möglichkeiten zu finden. Und Sie können jederzeit die Richtung ändern; Freelancing kann sogar zum Sprungbrett zu einem neuen, besseren Job werden, wenn man irgendwann seine Wanderstiefel für etwas mehr Sicherheit an den Nagel hängen möchte.

WAS WIRD AUS MEINER KARRIERE?

Jeder Personalleiter wird Ihnen sagen, dass eine Lücke in Ihrem Lebenslauf nur dann ein Problem ist, wenn Sie nicht erklären können, was Sie mit Ihrer Zeit angefangen haben. Viele Arbeitgeber werten es sogar als Zeichen von Selbstvertrauen, Initiative und Unternehmergeist, als Angestellter eine Pause vom Job zu machen, um sein eigenes Geschäft aufzuziehen. Sie wollen ja Veränderungen in Ihrem Leben, und es könnte passieren, dass Ihre neuen Erfahrungen Ihnen sogar eine neue Karriere eröffnen. Und falls Sie für Ihren alten Arbeitgeber als freier Mitarbeiter tätig sein können, umso besser. So halten Sie sich die Tür offen für eine eventuelle Rückkehr, falls Sie mal nicht mehr reisen möchten.

Top Tipp

»Das Leben eines digitalen Nomaden befreit einen von der Arbeit zwischen Bürowänden und ermöglicht eine tiefere Verbindung mit einer neuen Umgebung. Seine Arbeitsstunden selbst zu bestimmen und sich selbst neue Möglichkeiten zu schaffen, ist ein beglückendes Gefühl. Und während man auf eigenen Füßen stehen und genug Geld für das nächste Bahnticket beschaffen muss, bedauert man nie, das Büro hinter sich gelassen zu haben. Strände werden zu Konferenzräumen, Einheimische werden Geschäftspartner, und man erlebt wirkliche Freiheit.«

Karen Henderson, Senior Editor bei Lonely Planet und ehemalige Nomadin

---

BIN ICH ZU ALT?

Es gibt dieses Bild von digitalen Nomaden, die um die 20 sind und als Senkrechtstarter Lifestyleblogs posten und mit GoPro-Kameras in Dschungelseen springen. Das ist nicht ganz falsch – viele Nomaden sind junge Unternehmer und nutzen das Arbeiten von unterwegs als Alternative zu einem Pausenjahr. Aber es gibt auch viele Ältere mit längerer Berufskarriere, die ihre Erfahrung mitnehmen, während sie ihrer ersten Liebe folgen: dem Reisen. Solange man von unterwegs mit einer Internetverbindung arbeiten kann, gibt es keine Altersbegrenzung für Nomaden!

ZEHN PLUSPUNKTE DES »NOMADEN-LEBENS«

Es hat sehr viele Vorteile, frei und ungebunden zu sein und nicht ständig am selben Ort für denselben Chef arbeiten zu müssen. Hier sind einige der größten Pluspunkte des digitalen Nomadenlebens.

© PETER PTSCHELINZEW / GETTY IMAGES

1 DAS EIGENE BÜRO WÄHLEN

Als digitaler Nomade entscheidet man selbst, wo man arbeitet – im Coffeeshop, im Co-Working-Space oder in einem mit Palmblättern gedeckten Bungalow an einem tropischen Strand. Zahlreiche Studien besagen, dass sich Menschen mit einer wechselnden Arbeitsumgebung zufriedener fühlen, als wenn sie jeden Tag am selben Ort sitzen und die gleichen Dinge tun.

2 DIE EIGENE ARBEITSZEIT

Zwar braucht man Disziplin, um sich an seine selbst festgelegten Arbeitszeiten zu halten, aber als digitaler Nomade ist es einem völlig selbst überlassen, wie man seinen Tag strukturiert. Wenn man mit einer Runde Tauchen beginnen und erst mittags zu arbeiten anfangen möchte, kann man das. Wenn man den ganzen Tag schlafen und dann die Nacht durcharbeiten möchte, hindert einen niemand daran.

3 MAXIMALE ABWECHSLUNG

Nichts erstickt Kreativität so sehr, als immer wieder das Gleiche zu tun. Als digitaler Nomade arbeitet man bei jedem Auftrag an etwas Neuem, manchmal für völlig verschiedene Menschen und oft auch an einem ganz anderen Ort. Die Arbeit als Freelancer verkörpert die Maxime, dass Abwechslung die Würze des Lebens ist!

4 KEIN PENDELN MEHR

Zahlreiche Studien besagen, dass viele Menschen an ihrer Arbeit besonders das Pendeln hassen. Über 50 Prozent ärgern sich über den täglichen Weg zur Arbeit, bei Großstädtern sind es noch mehr. Ein digitaler Nomade braucht für den Weg zur Arbeit nur die paar Sekunden, um hinüber zu seinem Laptop zu gehen und sich mit dem Internet zu verbinden; kein Gedrängel mehr in der vollen U-Bahn, kein Stehen im Stau mit dem Auto.

5 MEHR FREIZEIT

Weniger Zeit für den Weg zur Arbeit bedeutet mehr Zeit für die schönen Dinge im Leben. Die meisten digitalen Nomaden sehen darin den Hauptvorteil des Freelancerlebens. Befindet man sich an einem interessanten Ort, hat man viele Möglichkeiten für neue und spannende Hobbies. Schaffen Sie eine Balance zwischen Freizeitaktivitäten und Arbeit, das kann ein Lebensstil sein, der nie enden muss.

6 WENIGER STRESS

Zur Arbeit zu pendeln, ist nicht nur ermüdend, sondern auch energieraubend. Etwa 20 Prozent aller Arbeitnehmer sehen im Pendeln den Hauptgrund für Stress in ihrem Leben, einen gleich hohen Anteil stresst die lange Arbeitszeit und etwa zehn Prozent sind von der Situation bei der Arbeit gestresst. Als digitaler Nomade sind Sie Ihr eigener Chef, bestimmen Ihre Arbeitsstunden selbst und verbringen Zeit mit den Menschen, mit denen Sie gern zusammen sind – oder bleiben allein, wann immer Ihnen danach ist.

7 KEIN DRESSCODE

Manche Leute tragen gerne Anzüge, andere finden, sie seien wie Schuluniformen für Erwachsene. Als digitaler Nomade kann man anziehen, was man möchte und wann immer man es möchte, seien es eine Gore-Tex-Jacke und Schneeschuhe, Boardshorts und Flipflops oder ein maßgeschneiderter Dreiteiler von einem Schneider aus Singapur.

8 PERSÖNLICHE ENTWICKLUNG

Seine eigene Richtung wählen zu können, bietet viele Möglichkeiten für die persönliche Entwicklung. Man lernt, sich auf sich selbst zu verlassen und mit sich selbst zufrieden zu sein. Man wird strukturierter und bekommt Selbstvertrauen in die eigene Fähigkeit, eine Herausforderung zu meistern. Und man lernt, was im Leben wirklich wichtig ist, ohne seine Entscheidungen von den Vorstellungen und Meinungen anderer abhängig zu machen.

9 EIN BUSINESS VERANTWORTEN

Als Freelancer zu arbeiten, ist wie ein Bootcamp, um die grundlegenden Fähigkeiten für das Führen eines Geschäfts zu erlernen. Man lernt, seine Zeit einzuteilen und seine finanziellen Angelegenheiten zu managen, neue Kunden zu akquirieren, seine Rechnungen auf dem Laufenden zu halten und eine Firma aufzubauen. Viele, die ein gut laufendes Business aufgebaut haben, haben die Fähigkeiten dazu als Freiberufler erlernt.

10 DIE GANZE WELT SEHEN

Digitale Nomaden haben die beste Voraussetzung dafür, die ganze Welt zu sehen. Mit dem drahtlosen Lebensstil, den die digitale Technologie ermöglicht, können Sie sich fast überall niederlassen und weiterziehen, wenn Ihnen nach einer Veränderung der Umgebung ist. Ein ganzes Jahr an einem Ort arbeiten oder mit dem Wechsel der Jahreszeiten weiterziehen? Die Woche am Meer verbringen und das Wochenende in den Bergen? Sie haben die Wahl!

DIGITALER NOMADE WERDEN

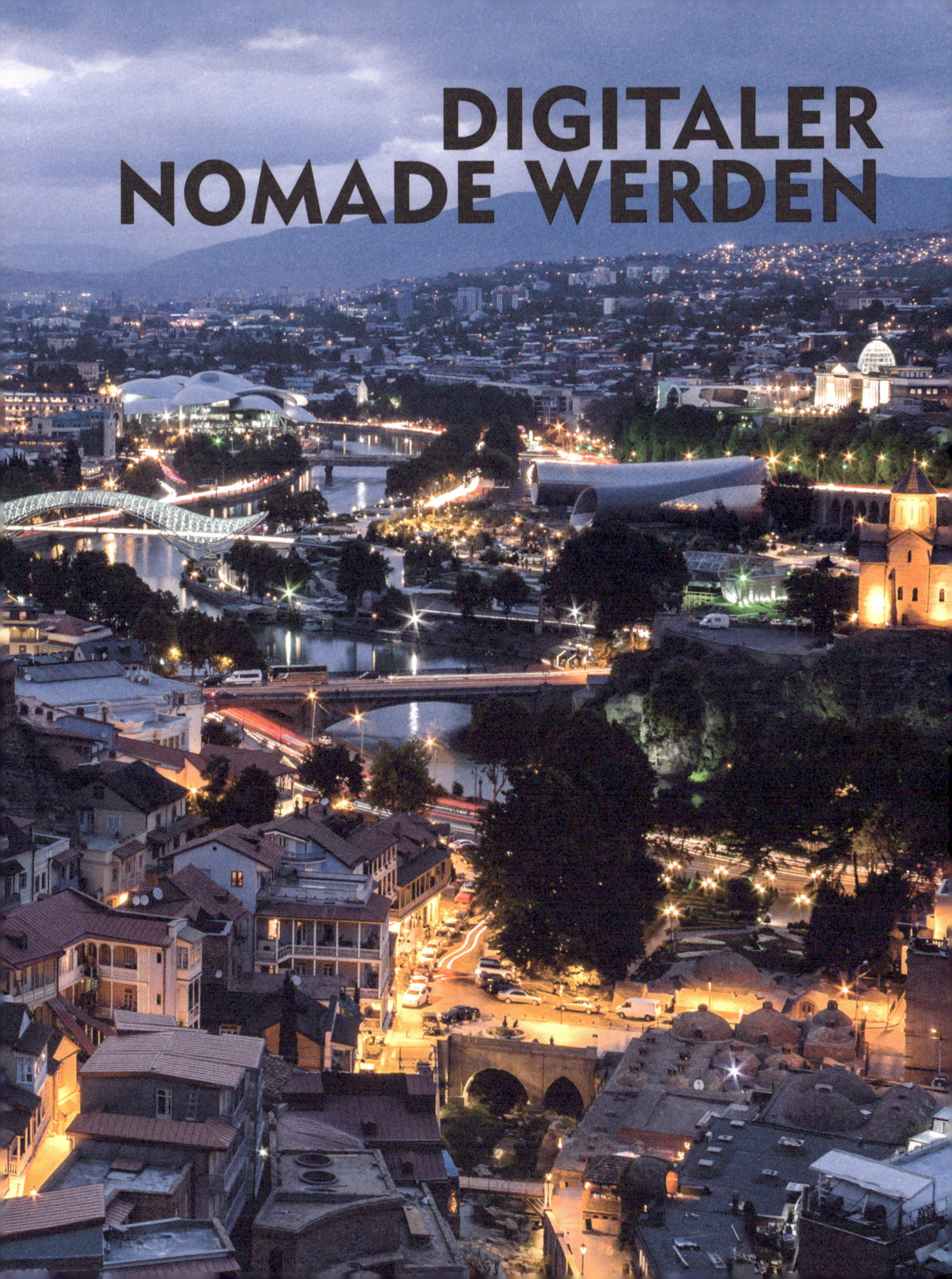

Das Profil eines digitalen Nomaden

Man kann um die ganze Welt reisen, aber man wird niemals ein Schild mit der Aufschrift »Digitale Nomaden gesucht!« sehen. Digitaler Nomade zu sein, ist keine spezielle Arbeitsbeschreibung, sondern eher ein Lebensstil und eine Art, Arbeit und Reisen in harmonischem Gleichgewicht zu halten.

EIN JOBPROFIL WÄHLEN

Für einen angehenden digitalen Nomaden ist die allerwichtigste Entscheidung, wie er auf seinem Trip um den Globus seinen Lebensunterhalt verdienen möchte. Danach kann er in aller Ruhe überlegen, wohin er reisen und wie er dort seine Freizeit verbringen möchte – vielleicht während er bei einer Piña Colada unter einer Palme sitzt und seinen Blog updatet.

Fangen Sie mit dem an, was Sie können. Fast immer ist es einfacher, einen Job in dem Bereich zu finden, in dem man schon Erfahrung hat. Sprechen Sie mit Ihrem derzeitigen Arbeitgeber und fragen Sie nach Möglichkeiten als Freiberufler und Empfehlungen an andere Unternehmen. Am besten akquirieren Sie schon Ihre ersten Aufgaben als Freelancer, während Sie noch Ihre feste Stelle haben. Dann haben Sie schon ein paar Projekte, an denen Sie gleich am Beginn Ihres Roadtrips arbeiten können.

HANSDAMPF IN ALLEN GASSEN?

Sie müssen sich nicht auf einen Job festlegen. Viele digitale Nomaden haben mehrere Sachen gleichzeitig laufen und mischen kreative Aufgaben mit finanziell eher sicheren Jobs im IT-Bereich, als Webdesigner oder als Business Supporter. So findet man leichter genug Arbeit für das Leben als digitaler Nomade. Zusätzlich hat man ein Sicherheitsnetz, falls der großartige neue Blog doch eine längere Anlaufzeit braucht.

Für Ihren Internetauftritt ist es jedoch wichtig, dass Ihr Profil deutlich ist. Arbeitet man zum Beispiel gleichzeitig als Webdesigner und Sprachlehrer, braucht man mehrere Internetprofile, damit jemand, der einen Webdesigner sucht, auf die Webdesignerseite stößt, und jemand, der Sprachen lernen will, auf die Sprachlehrerseite. Scheuen Sie sich nicht, mehrere Websites und verschiedene Social-Media-Identitäten zu haben, um Ihre verschiedenen Arbeitsbereiche zu präsentieren.

© FRED FROESE / GETTY IMAGES

© FATCAMERA / GETTY IMAGES

FLEXIBEL SEIN

Als Freelancer sind Sie nirgends angestellt. Sie haben keine offizielle Arbeitsbeschreibung und keinen Chef, der Ihnen über die Schulter schaut. Sollte etwas nicht funktionieren, verändern Sie es. Gibt es für einen Teil Ihrer Arbeit nicht genug Kunden, fokussieren Sie sich auf die Bereiche, die Geld einbringen. Läuft eine ehemals erfolgreiche Unternehmung nicht mehr, versuchen Sie etwas Neues.

Eigene Fähigkeiten nutzen

Viele werden digitale Nomaden, um der Hektik zu entfliehen, und sehr oft bedeutet das eine völlige Veränderung der beruflichen Karriere. Dies ist eine Chance zur Selbstbilanz: Was mache ich gern, was nicht und wie möchte ich überhaupt leben? Deswegen muss man seinen alten Lebenslauf aber nicht ins Feuer werfen. Womöglich sind viele der Fähigkeiten aus dem alten Job in der Freelancewelt genauso zu vermarkten, und viele verschiedene Möglichkeiten des Geldverdienens zu haben, ist ein großer Vorteil.

Überdenken Sie die Aspekte Ihrer momentanen Arbeit, die Ihnen am meisten Spaß machen, und überlegen Sie, wie Sie die gleichen Fähigkeiten unterwegs einsetzen könnten. Vielleicht merken Sie sogar, dass Sie nicht unbedingt eine Veränderung Ihrer Arbeitstätigkeit brauchen, sondern lediglich eine Veränderung der Umgebung und die Freiheit, Ihr eigener Chef zu sein.

NETZWERKE NUTZEN

Sie kennen bereits viele Leute in Ihrem eigenen Business? Kontaktieren Sie sie, bevor Sie sich auf den Weg machen, entweder persönlich oder über Network-Seiten wie LinkedIn. Erzählen Sie, dass Sie von jetzt ab freiberuflich arbeiten und nach Projekten Ausschau halten. Vielleicht werden Sie überrascht sein, wie viele etwas anzubieten haben, das zu Ihnen passt. Und fragen Sie auch, ob die anderen jemanden kennen, der Freelancer sucht – scheuen Sie sich nicht, Ihr bestehendes Netzwerk zum Aufbau eines Kundenpools einzusetzen.

AUSSERHALB DES MAINSTREAMS ARBEITEN

»Eigene Fähigkeiten nutzen« heißt nicht unbedingt, dass Sie das Gleiche tun müssen, was Sie in den letzten sieben Jahren im Büro tagaus tagein getan haben. Die meisten haben eine Reihe an Talenten, die man aktivieren kann, um unterwegs Geld damit zu machen. Spielen Sie Gitarre? Bieten Sie Unterricht an. Sind Sie up-to-date mit Wellnesstrends? Starten Sie einen Blog. Haben Sie Erfahrung mit Sprachunterricht? Geben Sie Online-Kurse per Video-Streaming.

AUF DEM NEUESTEN STAND BLEIBEN

Als Freelancer präsentieren Sie Ihre Fähigkeiten, und keine Personalabteilung hilft Ihnen, wenn diese aufgefrischt werden müssen. Vielleicht machen Sie vor dem Start ein paar Kurse, damit Sie immer das anbieten können, wonach Ihre Kunden gerade suchen. Und seien Sie unterwegs offen für Neues, mit dem Sie Ihr Geschäft erweitern können. Viele Co-Working-Spaces bieten ein Training in wichtigen Fähigkeiten für digitale Nomaden an, so können Sie Ihre Leistungsbeschreibung immer wieder aufpolieren.

TOP TIPP

»Man lässt sich leicht von dem ablenken, was andere digitale Nomaden machen. Ignorieren Sie deren glänzende Auftritte und konzentrieren Sie sich auf Ihre eigenen Fähigkeiten. Der Erfolg eines digitalen Nomaden hängt davon ab, eine Nische zu finden. Es ist immer gut, Neues zu lernen oder die eigenen Verdienstmöglichkeiten zu erweitern, aber meist sind die schon vorhandenen Fähigkeiten Ihr größter Trumpf.«

Josh Summers, Gründer, www.travelchinacheaper.com.

Welche Jobs haben digitale Nomaden?

Einige Jobs scheinen auf digitale Nomaden zugeschnitten zu sein. Wenn die Entscheidung zum Umrunden des Planeten steht, erscheint es naheliegend, Reiseblogger zu werden und über seine Reise zu schreiben. Doch lassen sich auch viele andere Jobs und Geschäfte problemlos mit einem ortsunabhängigen Lebensstil verbinden. Hauptkriterium ist, dass man seine Arbeit von überall in der Welt erledigen kann – über das Medium einer Highspeed-Internetverbindung.

KREATIVE AUFGABEN

Ein Blog ist nicht die einzige kreative Tätigkeit zur Finanzierung seiner Reisen. Viele wenden sich anderen Arten des Schreibens zu – zum Beispiel dem Verfassen von Auftragsarbeiten, Werbetexten, Bedienungsanleitungen oder von Trainingsmaterial für Büroaufgaben, die sie nun weit hinter sich gelassen haben. Auch das Redigieren ist bestens geeignet für ein Nomadenleben. Und dann ist da noch die visuelle Schiene: Grafikdesign, Videografie, Fotografie, Layout. Wenn Sie sich für Ihre Aufgabe nicht an einem bestimmten Ort aufhalten müssen, kann fast jede kreative Tätigkeit Grundlage für das Leben eines digitalen Nomaden sein.

EINE WELT DER CODES

Als Reiseblogger um die Welt zu fahren, mag Glanz versprühen, aber viele digitale Nomaden verdienen mehr als ein Blogger. Sie können sich einen luxuriöseren Lebensstil leisten, weil sie zu den Auserwählten gehören, die die universelle Sprache von Computercodes beherrschen. Freelancing ist der Grundstein der Software-Entwicklungsindustrie, und Reisende, die in Sprachen wie Java, Python, C++, Javascript und SQL kodieren können, werden als Mitarbeiter gefragt sein, wo auch immer in der Welt sie sich befinden. Oder wie wäre es mit Webdesign? Oder dachten Sie, der Mensch, der Ihre Website eingerichtet hat, saß in einem Büro in Ihrer Stadt?

DEN EIGENEN JOB MITNEHMEN

Viele der täglichen Aufgaben, die eine Firma am Laufen halten, müssen nicht in einem Büro erledigt werden. Projektmanagement, Social Media, Buchhaltung – das kann alles genauso gut mit einer schnellen Internetverbindung von der Terrasse eines Cafés erledigt werden. Sogar Jobs, die sofort und zwischen zwei Mitarbeitern ausgeführt werden müssen, zum Beispiel die Arbeit als Büroassistent, sind schon in der virtuellen Sphäre angekommen. Fast alles, das man im Büro tut, kann heute von unterwegs erledigt werden – sofern ein Auftraggeber dafür zahlt.

DIE WELT UNTERRICHTEN

Erinnern Sie sich noch an die Zeit, als man zum Lernen in einen Kurs gehen oder sich ein »So lernen Sie …«-Buch kaufen musste? Im digitalen Zeitalter gibt es für fast alles Lernangebote im Internet: von Musikunterricht über Kurse zu Unconscious Bias am Arbeitsplatz bis zu Videos über Suchmaschinenoptimierung. Mit einer schnellen Internetverbindung und einer guten Webcam können Sie Ihr Wissen an zahlende Studierende in aller Welt übermitteln.

ERST EINMAL ANFANGEN

Ein Start-up zu gründen, mag als großer Schritt erscheinen, aber bekannte Firmen wie Uber, eBay und Facebook verdanken ihre Existenz alle einer einzigen Person mit Technikerfahrung und einem klugen Einfall. Vielleicht haben Sie ja eine Idee für ein Online-Geschäft, das unsere Art zu leben revolutionieren könnte? Dann gehören Sie zu den vielen digitalen Nomaden, die alle den gleichen Traum verfolgen. Wenn Sie sich erst einmal in der Welt der Co-Working-Spaces und Netzwerktreffen bewegen, werden Sie viele Kollegen kennenlernen und die Möglichkeit haben, Ideen zu teilen, neue Geschäftsbeziehungen aufzubauen und vielleicht sogar das Traumteam zu bilden, das der nächste Online-Superstar wird.

ZEHN TOP JOBS FÜR DIGITALE NOMADEN

1. **Softwareentwickler**
   Softwareentwickler arbeiten meist nicht in der Firma, daher ist der Job für einen kodierenden Nomaden ideal.
2. **Webdesigner**
   Der perfekte Job für unterwegs: Für den Kunden zählt das Ergebnis, nicht der Arbeitsort.
3. **Reiseblogger**
   Über seine Reisen zu schreiben, um die Reisen zu bezahlen – die perfekte Kombination.
4. **Sprachlehrer**
   Dank Internet ist die ganze Welt ein potenzieller Klassenraum.
5. **SEO-Spezialist**
   Suchmaschinenoptimierung und Hilfe bei Internetpräsentation geht perfekt von unterwegs.
6. **Social-Media-Experte**
   Social-Media-Accounts zu managen, kann man von überall ausüben.
7. **IT-Supporter**
   Um die Technik am Laufen zu halten, muss man nicht vor Ort sein.
8. **Virtueller Assistent**
   Support für Firmen von außer Haus – von der Buchhaltung bis zum Projektmanagement.
9. **Freier Autor**
   Vom Bloggen bis zum Verfassen von Anleitungen – Schreiben gilt als vielseitig und ortsunabhängiger Beruf.
10. **Grafikdesigner**
    Einfache Technik kann jeden Laptop in ein tragbares Designstudio verwandeln.

Reiseblogger werden

Zu reisen und als Reiseblogger zu arbeiten, erscheint auf den ersten Blick die perfekte Kombination zu sein. Man reist sowieso, macht tolle Erfahrungen und kann seinem Blog jeden Tag etwas Neues hinzufügen. Man lebt seinen Traum, man arbeitet, während man um die Welt reist, also werden doch Millionen Menschen begierig darauf sein, die Berichte zu lesen? Das Problem dabei ist, dass zahllose andere Reisende genau die gleiche Idee haben. Da man leicht an gratis Blog-Software und Online-Tutorials kommt, kann sogar derjenige einen Blog einrichten, der sich nicht gut mit Technik auskennt. Deswegen ist das Internet voll mit Blogs, die jeden vorstellbaren Bereich des Reisens und jedes nur denkbare Reiseziel abdecken. Einen Blog ins Netz zu stellen, der heraussticht, der Follower anzieht und – am wichtigsten – der Geld einbringt, erfordert harte Arbeit, viel Engagement und ein bisschen Glück. Die Haltung »Tu es einfach, dann wird dein Traum schon wahr werden« führt in der Realität leider nur bei wenigen Glücklichen zum Erfolg.

ERSTE SCHRITTE

Es ist einfacher, sich zunächst nicht zu 100 Prozent auf seinen Blog als einzige Geldquelle zu verlassen. Eine zweite Verdienstmöglichkeit – sei es Programmieren, Fotografie, Webdesign, Consulting oder eine andere Art des Schreibens – nimmt den Druck aus der Arbeit am Blog und gibt einem Zeit, klug zu planen und Beziehungen zu zahlenden Sponsoren und Werbeträgern aufzubauen.
Jeder Reiseblogger konkurriert um die gleichen Leser und Geldgeber, man muss also von Anfang an überlegen, was den eigenen Blog von den anderen abhebt. Ein Alleinstellungsmerkmal ist ein wesentlicher Schritt, um Follower zu versammeln und das Interesse von Werbeträgern anzuziehen. Gehen Sie online und sehen Sie, was Ihre Konkurrenten tun, dann überlegen Sie, was Sie Anderes machen könnten.

SPIELEN SIE IHRE STÄRKEN AUS

Haben Sie spezielle Kenntnisse, die Leute mit ähnlichen Interessen gefallen könnten? Gibt es eine Nische, die Ihre Leidenschaft ist? Die erfolgreichsten Blogs sind ziemlich speziell und versuchen nicht, alles für alle zu posten. Ein Blog, der gleichzeitig Fotografie, Shetland Ponys und Bungee Jumping abdeckt, stellt ein Problem für die Suchmaschinenoptimierung dar und auch für Inserenten, die nicht wissen, wieso dieser Blog gerade für ihre Produkte optimal sein sollte.

DIE TOP 5 BLOG-PLATT-FORMEN

Die Tage, in denen man einen Blog »zusammenbauen« konnte wie eine Schülerzeitung, sind lange vorbei. Heute erwarten Internetnutzer, dass Blogs professionell aussehen und so starken Content enthalten, dass sie ihn unbedingt lesen müssen. Hier sind die beliebtesten Plattformen, um einen neuen Blog zu starten.

© KONSTANTIN TRUBAVIN / AURORA PHOTOS / GETTY IMAGES

© SWISSMEDIAVISION / GETTY IMAGES

© NDSTOCK / ISTOCK / GETTY IMAGES

Wordpress.org
Wordpress ist weltweit die populärste Blog-Plattform, auf ihr laufen etwa ein Drittel aller Blogs im Internet. Die Software ist gratis, aber man braucht ein eigenes Hosting, muss also für den Domainnamen und das Webhosting zahlen. Beherrscht man erst einmal die Basics, kann man Wordpress vielseitig nutzen – vom einfachen Reiseblog bis zum kommerziellen Geschäftsportal. Mit Plug-ins lassen sich Funktionen ergänzen, zum Beispiel ein einfaches SEO-Monitoring und das Einfügen von Bildern zu Tweets über Blogeinträge. Auf den Benutzer zugeschnittene Themen machen es einfach, einen individuellen Look zu kreieren, und Foren oder einen Online-Shop hinzuzufügen, ist kinderleicht. Der Nachteil ist, dass man seine Seite selbst managen muss, darunter das Installieren von Updates und das Mitschneiden von Backups. Und es kostet Zeit, zu lernen, wie man das Beste aus der Software herausholt. Hilfreich ist am Anfang **www.wpbeginner.com.**

Wordpress.com
Für diejenigen, denen es zu mühselig ist, sich in die Technik einzuarbeiten und ihr eigenes Webdesign zu gestalten, bietet Wordpress einen umfassenden Hosting Service mit der Option einer Gratis-Website an – sofern man mit den Basics und einer Wordpress-Domain wie zum Beispiel website.wordpress.com zufrieden ist. Möchte man seine Werbung selbst erstellen und mehr Optionen haben, um seine Website individuell zu gestalten, kann man je nach Möglichkeiten für 4 bis 45 Euro pro Monat upgraden. Dann bekommt man auch einen persönlichen Domainnamen ohne das Wordpress-Branding. Eine Website bei Wordpress.com ist eine solide Basis für Einsteiger, aber technisch versierte Nomaden können mit der lokal gehosteten Version von Wordpress mehr anfangen.

TOP TIPP

»Um auf einen neu gestarteten Blog aufmerksam zu machen, kann man Twitter-Botschaften mit einem Bild zu den Posts verlinken. Es gibt mehrere kostenlose WordPress Plug-ins, die die Twitter-Cards-Funktion hinzufügen und automatisch ein ausgewähltes Foto anhängen, wenn jemand einen Link zu einem Ihrer Posts twittert – zum Beispiel Yoast oder JM Twitter.«

Joe Bindloss, Reiseautor, www.bindloss.co.uk

Gator

www.hostgator.com/website-builder

Gator erstellt Websites und betreibt Blog-Plattformen. Gator gehört zu der in Houston ansässigen Firma HostGator, die auch Websites von anderen Plattformen hostet. Es ist nicht ganz so vielseitig und anpassungsfähig wie Wordpress, aber das Drag-and-Drop-Interface ist gut für digitale Nomaden, die zum ersten Mal eine Website aufbauen. Gator bietet gratis eine persönliche Domain und ein SSL-Zertifikat, Website-Administration sowie regelmäßige Backups und Sicherheitschecks. Das Erstellen und Hosten der Website schlägt je nach benötigten kommerziellen Features zu Buche. Gator ist vielleicht der schnellste Weg für eine neue Website, aber man hat keine so große Auswahl an Apps und Zusatzfeatures.

Blogger

www.blogger.com

Mit einem Google-Account kann man umsonst Teil der Blogging-Gemeinde werden, indem man dieses einfache und leicht zu bedienende Interface von Google nutzt. Der Vorteil: Es ist sicher und leicht zu bedienen; der Nachteil: Es verwendet ziemlich alte Technologie und ist nicht so dynamisch und anpassbar wie Wordpress, und man hat einen blogspot.com Domainnamen, wenn man nicht eine eigene Domain von anderswo kauft. Insgesamt ist es eine leichte Option für Einsteiger, die klein anfangen wollen, aber wenn der Blog wächst, muss man wohl zu einer Umgebung mit mehr Features auf einer anderen Plattform wechseln.

Constant Contact

www.constantcontact.com/website/builder

Constant Contact ist ein weiterer anfängerfreundlicher Website Builder mit einem Hosting Service voller Features, die man ausprobieren kann, bevor man das ganze Paket kauft. Außer personalisierbaren Vorlagen und einem Drag-and-Drop-Design stehen Ihnen 550.000 freie Bilder zur Verfügung, um Ihre Website aufzupeppen und farbig zu gestalten. Und die Maschine ist KI-betrieben, was bedeutet, dass Sie clevere Sachen machen können wie die automatische Übertragung von Daten Ihrer Facebook-Seite auf Ihre Website. Außerdem hat Ihre Seite ein eigenes Metrik-Dashboard, einen Domainnamen und ein SSL-Zertifikat. Allerdings müssen Sie sich nach 60 Tagen für ein Paket entscheiden, dessen Preis sich je nach benötigten Funktionen berechnet.

AUS EINEM BLOG ETWAS BESONDERES MACHEN

Da heute jeder zweite Reisende – und sogar dessen Hund – ihre Reisegedanken der ganzen Welt mitteilen, müssen Sie sich etwas Besonderes einfallen lassen, damit Ihr Reiseblog sich von der Masse unterscheidet. Hier sind ein paar Tipps.

Sich selbst ins Bild setzen
Bleiben Sie nicht allgemein, werden Sie persönlich. Teilen Sie Ihre Gedanken und Gefühle. Je persönlicher Ihr Blog ist, desto stärker unterscheidet er sich von den Hunderten Konkurrenten.

Interaktion
Treten Sie in Kontakt mit Ihren Lesern. Lassen Sie die Besucher kommentieren und an Diskussionen teilnehmen, damit sie einen Grund haben, den Blog wieder zu besuchen, um zu sehen, wie es weiterging. Tweeten Sie über Ihre letzten Postings auf Social Media und laden Sie Gastblogger und Experten ein, Beiträge zu schreiben.

Eine Perspektive finden
»Meine Erfahrungen als alleinreisende Frau« hört sich interessanter an als »Meine Urlaubserlebnisse«. Die Leser wollen Inhalte, die sie persönlich ansprechen. Wie können Sie Ihre Persönlichkeit, Ihre Interessen und Kenntnisse einbringen?

Über das Bekannte hinaus
Wenn Sie Sehenswürdigkeiten posten, die jeder kennt, ergänzen Sie sie mit etwas Neuem, das nicht schon hundertmal gezeigt wurde. Vielleicht können Sie eine bekannte Ansicht auf neue Art oder aus einer anderen Perspektive zeigen statt der abgedroschenen Reiseklischees? Wenn Sie Ihrem Erlebnis ein interessantes Detail oder eine verrückte Geschichte hinzufügen, wird Ihre Erzählung lebendiger.

Auf Design Wert legen
Ein Blog muss nicht allen möglichen Schnickschnack enthalten, damit die Leser wiederkommen, um mehr zu lesen. Ein klares Design und eine einfache, intuitive Navigation werden Ihnen mehr Follower einbringen, als ein Blog, der jedes Mal wieder das Gleiche erzählt, wenn der Leser eine neue Seite anklickt.

Die schönsten Bilder posten
Das sollte selbstverständlich sein, aber ein Bild ist auch mehr als tausend Worte wert. Ein umwerfendes Foto hält die Leute jedenfalls lange genug auf Ihrer Seite, um die tausend Wörter zu lesen, die Sie dazu geschrieben haben. Wenn Sie auf Ihrem Blog über ein tolles Erlebnis berichten, werden Ihnen bei einem hinzugefügten Bild oder Video mehr Leser folgen.

Regelmäßig posten
Geben Sie Ihren Lesern einen Grund, Ihre Seite erneut zu besuchen. Anstatt einmal im Jahr all Ihre Bemühungen in einen atemberaubenden Post zu stecken, sagen Sie wenig, aber das oft. Und mischen Sie tiefgründige Themen mit abwechslungsreichen kleineren Schnipseln und Beobachtungen, um die Leser bei der Stange zu halten.

EINEN BLOG PROMOTEN

Niemand wird Ihren tollen Content bemerken, wenn Sie ihn nicht lauthals vermarkten. Beim Publizieren Ihres Blogs geht es darum, Follower zu gewinnen und genug Wirbel zu erzeugen, damit Leute Werbung schalten wollen – beim Bau »Ihrer Straße« geht es um Traffic!

SEO nutzen

Suchmaschinenoptimierung (SEO) ist essenziell, um Ihren Blog im Suchmaschinenranking gut zu platzieren. All Ihre Posts sollten Metadaten, Schlüsselwörter sowie externe und interne Links enthalten, und nutzen Sie ein SEO-Plug-in wie Yoast (www.yoast.com) für Wordpress. Große Bilder und Videodateien können die Seite verlangsamen, nutzen Sie Gratis-Apps wie JPEGmini (www.jpegmini.com) zum Verkleinern der Seiten ohne Qualitätsverlust.

Sich auf die Nutzer einstellen

Beobachten Sie das Nutzerverhalten auf Ihrer Seite. Tools wie Google Analytics (analytics.google.com) helfen, den Content zu identifizieren, der am besten abschneidet, sowie die Themen, die bei den Usern am meisten Anklang finden. Dann können Sie den Nutzern das bieten, wonach sie suchen. Mit einer Keyword-Suche mit Googles Keyword Planner ads.google.com können Sie Schlüsselwörter finden, die mit hoher Wahrscheinlichkeit Klicks generieren.

Abonnenten werben

Machen Sie es den Leuten leicht, auf Ihre Seite zurückzukommen, laden Sie sie ein, Abonnent zu werden. Dann haben Sie bald eine Mailing-Liste, und wenn Sie die Leute über etwas Neues auf Ihrer Seite informieren, bekommen Sie bei jedem neuen Post eine Flut von Besuchern. Ermöglichen Sie einfaches Abonnieren mit einem Klick in die Checkbox und belohnen Sie Abonnenten mit Bonus-Content, den normale Besucher nicht sehen.

TOP TIPP

»Blogs gibt es massenhaft. Wenn Sie bemerkt werden wollen, müssen Sie hervorstechen. Sie brauchen eine gut umrissene Nische und Ihr Content muss suchmaschinenoptimiert sein. Das ist nicht sexy, aber es macht den Unterschied. Gehen Sie nicht in die Breite, sondern in die Tiefe. So finden Sie Ihr Publikum.«

Matt Kepnes, Autor und Gründer von www.nomadicmatt.com

Auf Social Media werben

Bewerben Sie jeden neuen Post auf Twitter, Instagram, Facebook und anderen sozialen Kanälen, und machen Sie es leicht für Nutzer, Ihren Content zu teilen – mit automatischen Plug-ins für Social-Media-Buttons auf Ihrer Seite. Markieren Sie Ihre Posts mit Hashtags zu wichtigen Themen, damit neue Leute Ihren Content sehen. Nehmen Sie Content von anderen auf (auch von anderen Bloggern), damit diese vielleicht auch Content von Ihnen teilen!

Auf Beziehungen aufbauen

Laden Sie andere Blogger ein, auf Ihrem Blog als Gast zu posten, und bieten Sie anderen Ihre Dienste gratis im Austausch für einen Link an, der auf Ihre Seite verweist. Eine solche Partnerschaft ist für beide Seiten super, um mehr Traffic zu erreichen, ohne dass Geld im Spiel ist. Verbinden Sie sich mit möglichen Partnern über Social Media, Online-Foren und durch direkten Kontakt über LinkedIn und andere Businesskanäle.

MIT EINEM BLOG GELD VERDIENEN

Ihr Blog kann potenziellen Kunden stolz Ihre Talente präsentieren, aber ein Blog, der kein Geld macht, ist eigentlich nicht mehr als ein Tagebuch. Sie sollten damit Geld für die Finanzierung Ihrer Reisen verdienen, vor allem wenn Sie Vollzeitblogger sein wollen.

© OLEKSANDRA NAUMENKO / SHUTTERSTOCK

Advertising

Wenn Ihre Seite viele Besucher hat, können Sie Firmen vorschlagen, darauf zu annoncieren. Werbungskosten pro Klick (Cost per Click/CPC) und pro 1000 Impressions (Cost per Mille/CPM) hängen davon ab, wie viel auf Ihrer Seite los ist. Anzeigenpartner zahlen, wenn Besucher auf die Anzeigen auf Ihrer Seite klicken oder sie anschauen. Google AdSense (www.google.com/adsense) fügt ein Seitenbanner hinzu, das Google mit Anzeigen füllt, die einen Zusammenhang zu Ihrem Content haben. Ähnliche Programme gibt es von Infolinks (www.infolinks.com) und Media.net (www.media.net). Man kann den eigenen Werbeplatz auch an Firmen verkaufen. Diese werden aber einen Nachweis der Traffic-Zahlen sehen wollen.

© MARTIN-DM / GETTY IMAGES

Affiliate-Marketing

Viele Blogger erzielen Gewinne durch Affiliate-Marketing, bei dem Firmen einen (kleinen) Anteil zahlen, wenn Produkte über deren Seite gekauft werden. Das bedeutete, dass man deren Firmenwerbung in die eigene Seite integrieren muss. Wie viele Produkte anderer Firmen man aufnehmen will, hängt davon ab, wo man die Grenze zwischen Werbung und dem eigenen Werk zieht. Zu viel Affiliate-Marketing kann den Eindruck erzeugen, dass man für Geld alles annimmt, und das eigene Image verschlechtern. Eines der größten Programme ist Amazon Associates (www.affiliate-program.amazon.com).

Sell something

Als digitaler Nomade hat man wahrscheinlich nicht die Infrastruktur, um gedruckte Bücher zu verkaufen, aber nichts hält einen davon ab, E-Books, Online-Kurse, Podcasts und Workshops zu verkaufen; oder Apps, Plug-ins, selbst produzierte Bilder, Videos und Musik. Es gibt keinen Zwischenhändler, man behält den ganzen Profit, und dieser Nebenverdienst könnte ein gutes Geschäft werden. Man kann auch bezahlte Abos für seine Seite verkaufen und Bonus-Content anbieten, der für die Abonnenten von Wert ist (geht am besten bei Geschäftsblogs oder Lehrblogs, die neue Fähigkeiten vermitteln).

Andere Arten des Schreibens

Wenn jemand gern mit Worten jongliert, wird ihm wahrscheinlich als Erstes einfallen, einen Reiseblog zu schreiben. Andere Arten des Schreibens können jedoch genauso lohnend sein – sowohl für einen persönlich als auch finanziell. Jedes Wort, dass man jemals gedruckt gelesen hat, ist von jemandem geschrieben worden!

Aller Anfang ist schwer

Ins Geschäft mit Texten einzusteigen, kann anfangs hart sein. Verlage antworten nicht und viele Manuskripte werden weggeworfen, ohne je gelesen worden zu sein. Das kann demoralisieren. Hat man aber erst einmal ein paar selbst geschriebene Texte veröffentlicht, sind die Verlage eher bereit, sich mit einem zu beschäftigen. Eine Liste von Publikationen, die Inhalte von Freelancern aufnehmen, findet man auf The Write Life (www.thewritelife.com) und Freelance Writing (www.freelancewriting.com).

Für Zeitungen und Zeitschriften schreiben

Das größte Hindernis, um Geld mit Reiseberichten zu verdienen, sind die Reisekosten, aber als digitaler Nomade hat man diesen Teil ja bereits abgedeckt. Die meisten Reisezeitschriften oder -zeitungen arbeiten zwar mit kontinuierlich eingehenden Artikeln von zuverlässigen Mitarbeitern, aber dieser Marktplatz ist überlaufen. Man braucht gute Ideen und einen Schreibstil, der zur Zielgruppe des Mediums passt. Bei OnlineNewspaperList (www.onlinenewspaperlist.com) findet man Publikationen weltweit. Wenn einem eine Publikation geeignet erscheint, durchsucht man am besten alte Ausgaben, um ein Gespür für die Inhalte und den Schreibstil zu bekommen, und überprüft,

ob das Reiseziel, das man anbieten möchte, nicht erst kürzlich bearbeitet wurde. Informieren Sie sich online, wie ein Vorschlag aussehen soll, und finden Sie den Redakteur des entsprechenden Ressorts heraus. Vergessen Sie nicht die Referenzen und Links zu Ihrer Website, Ihrem Blog oder Ihrem LinkedIn-Account.

Für Websites schreiben

Die meisten Print-Zeitschriften veröffentlichen pro Ausgabe nur einige Artikel von Freelancern, aber Online-Reisewebsites haben einen unersättlichen Appetit auf Content. Seiten wie The Culture Trip (www.theculturetrip.com) veröffentlichen sehr viele Artikel, welche über Social Media geteilt werden. Aber Vorsicht: Von großen Content-Vermarktern wird meist weniger gezahlt als von traditionellen Printmedien.

Für Reiseführer schreiben

Reiseführer sind der Heilige Gral fürs Schreiben unterwegs. Verträge sorgen für mehrere Monate garantiertes Einkommen, und wo kann man sonst schon die eigene Destination für Geld intensiv erforschen. Manche Verlage, zum Beispiel Lonely Planet, zahlen alle Ausgaben. Andere erwarten, dass man sich durch Tourist Offices, Reiseagenturen und Hotels finanziert. Man wird eine Menge trockene Infos sammeln (Buszeiten, Öffnungszeiten usw.) und auch Unterkünfte sichten müssen. Es ist anstrengende Arbeit. Wenn man an einem Tag 20 fast gleiche Hotels besucht hat, fragt man sich vielleicht, ob es das ist, was man wollte! Die meisten Verlage haben ein Netzwerk von zuverlässigen Mitarbeitern und neue Autoren brauchen spezielle regionale Kenntnisse und den Nachweis, dass sie sehr gut schreiben. Sehen Sie sich die Websites der Verlage an, bevor Sie sich bewerben.

TOP TIPP

»Es gibt einen Markt für Texter, aber es ist schwer, eine Nische zu finden. Womit Sie sich auch auskennen, es gibt eine Chance, dass jemand nach den richtigen Worten sucht, um genau das zu verkaufen – und wenn sie dort einen Texter suchen, kann Ihre Expertise eine Chance für Sie darstellen.«

Emily McAuliffe, Reiseautorin und Texterin, www.emilymcauliffe.com

Bedienungsanleitungen verfassen

Jedes Gerät auf der ganzen Welt hat eine Bedienungsanleitung, die jemand geschrieben hat. Das Schreiben von Bedienungsanleitungen oder das technische Schreiben kann ein guter Job sein, wenn Sie das entsprechende Wissen und die Fähigkeit haben, komplizierte technische Ideen in einfache, leicht zu erfassende Anleitungen zu übersetzen. Andere Arbeiten für technisches Schreiben sind zum Beispiel das Verfassen von Trainingsprogrammen für Abläufe in Firmen oder auf Industrie ausgerichtete Trainingskurse. Informationen liefern Seiten wie Flexjobs (www.flexjobs.com), Upwork (www.upwork.com), Freelancer (www.freelancer.com) und People Per Hour (www.peopleperhour.com).

Karriere in der Online-Werbung

Online-Anzeigen sind eine der Hauptarten, mit denen Firmen Ihre Produkte bewerben. Arbeitsmöglichkeiten für digitale Nomaden in diesem Bereich sind zum Beispiel das Verfassen von Werbetexten und Projektmanagement. Man kommt leichter voran, wenn man schon im Online-Anzeigenbereich gearbeitet hat – bauen Sie möglichst einen Kundenpool auf, bevor Sie sich auf den Weg machen. Ihr Blog oder Ihre Website sollte Ihre Texter-Qualitäten und Ihre SEO-Fähigkeiten präsentieren. Nutzen Sie bei der Jobsuche LinkedIn, Freelancer (www.freelancer.com), Upwork (www.upwork.com) und Creativepool (www.creativepool.com).

Lektorieren

Fast jede Firma, die Texter beschäftigt, hat auch Arbeit für Lektoren. Mit den richtigen Fähigkeiten kann man Lektorate gut von unterwegs übernehmen – alles von Romanen und Reiseführern bis zu Firmenberichten. Die meisten Firmen haben einen eigenen Test für Lektoren, bereiten Sie sich also besser darauf vor – nützliche Quellen gibt es bei Society for Editors & Proofreaders (www.sfep.org.uk), Writing English (www.writingenglish.com) und ProEdit (www.proedit.com). Für die Jobsuche gibt es zum Beispiel Upwork (www.upwork.com), Flexjobs (www.flexjobs.com) und Fiverr (www.fiverr.com) sowie spezielle Lektoratsseiten wie Scribbr (www.scribbr.com).

Influencer werden?

Influencer haben durch harte Arbeit, ständige Selbstwerbung, kluges Networking und Glück schon Millionen verdient, indem sie Lebensstile und Produkte vermarkten. Haupteinnahmequelle sind die Anzeigen, aber wenn man mit einem Nischenbereich assoziiert wird und kontinuierlich im Netz präsent ist, können Firmen einen sogar als Botschafter – inklusive lukrativem Sponsoring – einstellen.

Zeigen, was man weiß

Es gibt keinen typischen Influencer. Erfolgreiche Influencer finden eine Nische, die mit ihren Interessen und ihrer Expertise übereinstimmt, meist in der Branche, in der sie schon arbeiten. Von Influencern möchten die Leute Wissen und Rat bei endlos vielen verschiedenen Inhalten erfahren, man muss also bei allen Posts die Zielgruppe im Auge haben.

Vernetzen, vernetzen, vernetzen

Eine gute Vernetzung ist unbedingte Voraussetzung für einen erfolgreichen Influencer, also vernetzen Sie sich mit so vielen Leuten wie möglich und auf so viele Arten wie möglich. Kümmern Sie sich um Ihre Follower, Geschäftsexperten, andere Influencer und Anzeigenpartner, und teilen Sie freimütig und oft. Wichtige Influencer und die am meisten geteilten Posts finden Sie zum Beispiel auf Buzzsumo (www.buzzsumo.com).

Einzigartig sein

Sehr wichtig für das Markenzeichen eines Influencers ist seine Persönlichkeit – man muss jemand sein, dem die Leute vertrauen und zu dem sie aufschauen. Ein bestimmtes Image zu kultivieren, gehört dazu; aber haben Sie auch Ihre eigene Meinung. Seien Sie ehrlich, was Erfolge und Misserfolge angeht. Das kommt besser an, als jemand, der den Leuten nur sagt, was sie hören wollen.

Eine Plattform wählen

Die beliebteste Plattform für Influencer ist Instagram, weil sie auf einer visuellen Basis operiert und viele Möglichkeiten für Anzeigenkunden bietet. Aber auch auf Twitter, Facebook und YouTube gibt es viele Influencer. Um Geld verdienen zu können, braucht man eine sehr große Anzahl Seitenaufrufe, daher muss man viel Zeit investieren, um Follower zu gewinnen.

© MARTIN-DM / GETTY IMAGES

© PEKIC / GETTY IMAGES

SECHS REISEINFLUENCER ZUR INSPIRATION

Lassen Sie sich inspirieren – hier sind einige Spitzenleute in den sozialen Medien.

Murad Osmann (www.instagram.com/muradosmann). Aufwendige, geschönte Reisefotos, wie maßgeschneidert für Anzeigenkampagnen.

Tara Whiteman (www.instagram.com/taramilktea). Eine Influencerin, wie man sie sich vorstellt: Lifestyle, Luxus und Fotos wie fürs Modemagazin.

Chris Burkard (www.instagram.com/chrisburkard). Ein talentierter Surf-Fotograf, der atemberaubende Fotos von Locations postet.

Jack Morris (www.instagram.com/doyoutravel). Reisen und Jugend sind hier Lifestyle, durch und durch glamourös.

The Bucket List Family (www.instagram.com/thebucketlistfamily). Macht aus dem Reisen eine Familiensache, voller Instagram-Glamour.

Louis Cole (www.instagram.com/funforlouis). Feeds mit vielen Adrenalin-Aktivitäten und Reiseerlebnissen eines Globetrotters.

Sich rund um die Welt programmieren

Dank Echtzeit-Kommunikations-Tools wie Slack (www.slack.com), Trello (www.trello.com) und Google Meet (meet.google.com) hat sich die Softwareentwicklung aus dem Büro in die Cloud verlagert; für viele der populärsten Apps und Websites wird die Arbeit im Hintergrund heute von Freiberuflern erledigt, die in Co-Working-Spaces in der ganzen Welt arbeiten.

Die richtige Sprache sprechen

Bevor man Freiberufler wird, muss man entscheiden, ob man sich als allgemeiner Programmierer anbieten oder sich auf bestimmte Teilbereiche konzentrieren möchte. Ist man Experte für eine geschäftsspezifische Applikation für Kotlin, Javascript oder Python, kann man höher bezahlte Jobs mit weniger Konkurrenz bekommen. Andererseits kann man sich mit einem breiteren Spektrum von Fähigkeiten für mehr Projekte bewerben. Mit breit gestreutem Wissen ist man auch für Start-ups qualifiziert, die sich vergrößern wollen und Entwickler brauchen, die sowohl Frontend- als auch Backend-Sprachen und DevOps abdecken können.

Zeitzonen beachten

Zwar sind Firmen zunehmend offen für außerhalb des Landes arbeitende Softwareentwickler, aber in einer anderen Zeitzone zu sitzen, ist nicht zu empfehlen. Nur wenige Firmen können 12 Stunden auf die Lösung ihres Problems warten. Viele Softwareentwickler-Nomaden wählen daher Mittel- oder Südamerika als Standort, um zeitlich mit Firmen in den USA übereinzustimmen, oder einen Ort in Zentraleuropa für Firmen in Großbritannien, Frankreich oder Deutschland.

Sich an einem Ort niederzulassen, dessen Zeit sich von der des Kunden unterscheidet, kann erstens die Arbeitssuche erschweren und zweitens Arbeitsstunden zu sehr ungünstigen Zeiten bedeuten – Meetings zu Nachtzeiten oder frühes Aufstehen, um eine Arbeit rechtzeitig fertigzustellen. Das wäre vielleicht nicht das sorgenfreie Leben, nach dem man gesucht hat.

Einen Kundenpool aufbauen

Bauen Sie Ihren Kundenpool auf, bevor Sie auf Reisen gehen. Die meisten Firmen verlangen Erfahrung im eigenen Haus oder in einer Agentur, bevor sie jemanden als freien Mitarbeiter einstellen. Sie brauchen auch ein Online-Portfolio. Wenn Sie mit Ihrem Arbeitgeber vereinbaren, dass die für ihn geleistete Arbeit nicht öffentlich gemacht werden darf, suchen Sie nach Open-Source-Projekten, bei denen Sie Ihr Talent präsentieren dürfen. Ein guter Start für freie Entwickler ist das Code Review (www.codementor.io), bei der man Codes auf Fehler und Mängel überprüft. Die Website Arc (www.arc.dev) ist ein weiteres Tool, um Arbeit als Freiberufler zu finden. Angebote findet man auch auf Remote (www.remote.co), Working Nomads (www.workingnomads.co/jobs), Just Remote (www.justremote.co) und Flexjobs (www.flexjobs.com).

EINEN STANDARDVERTRAG ENTWERFEN

Wenn man mit vielen kleineren Kunden arbeitet, ist es nützlich, einen Standardvertrag zu entwerfen, den man mit kleinen Anpassungen so verändern kann, dass er zu der jeweiligen Arbeit passt. Online kann man Musterformulare finden, aber achten Sie darauf, dass Ihr Vertrag Folgendes enthält:

- ★ **Erwartungen und Verantwortlichkeiten beider Parteien** Vereinbaren Sie, um welche Arbeit es geht, was nicht dazugehört, wann die Arbeit abgeliefert werden muss und welche Ressourcen zur Verfügung gestellt werden.
- ★ **Recht am geistigen Eigentum und Vertraulichkeit** Vereinbaren Sie das Recht des Kunden auf Vertraulichkeit und das Recht am geistigen Eigentum bei Arbeitsende.
- ★ **Arbeitsberichte** Vereinbaren Sie einen Prozess für die Lieferung von Arbeitsfortschritten, Testergebnissen usw.
- ★ **Unabhängigkeitsklausel** Vereinbaren Sie, dass Sie Ihre Dienste als unabhängiger Vertragspartner liefern, um Steuerprobleme zu vermeiden.
- ★ **Rechtsschutz** Im Vertrag sollte stehen, dass man nicht für zukünftige Schäden verantwortlich ist oder für Forderungen, falls der Kunde das Recht auf intellektuelles Eigentum von Dritten bei Materialien bricht, die Ihnen zur Verfügung gestellt wurden.
- ★ **Zahlungsbedingungen** Vereinbaren Sie, was, wann und wie zu zahlen ist, und legen Sie fest, wer Bankgebühren und Gebühren für Währungsumrechnung zahlt.
- ★ **Beendigungsklausel** Es muss das Vorgehen für den Fall festgelegt werden, dass eine der Parteien die Vereinbarung beendet.

Seine Talente vermarkten

Niemand wird Sie anstellen, wenn er nichts von Ihnen weiß, also nutzen Sie alle Möglichkeiten des Webs, um Ihre Fähigkeiten zu präsentieren. Mit einem geschäftsspezifischen Blog kann man seine Talente der Welt vorführen und mit Social Media die Aufmerksamkeit auf seine Posts ziehen. Bitten Sie Kunden um Unterstützung auf LinkedIn und sammeln Sie Referenzen, um Ihr Netzwerk zu erweitern. Bauen Sie Ihren Ruf als Experten aus (und erweitern Sie gleichzeitig Ihre Fähigkeiten), indem Sie Ihr Wissen bei Developer Communities wie Stack Overflow (www.stackoverflow.com), GitHub (www.github.com) und Dzone (www.dzone.com) teilen.

Ganztags von unterwegs?

Die Softwareindustrie ist zunehmend bereit, Ganztagsarbeit auch an ortsunabhängig Arbeitende zu vergeben, aber diese Jobs sind heiß begehrt. Für eine solche Vollzeitarbeit konkurrieren Sie mit einem globalen Pool an Talenten und müssen in Ihrem Metier Spitzenleistungen erbringen, um eine Chance zu haben. Mit der Suche beginnen können Sie auf RemoteOK (www.remoteok.io) und WeWorkRemotely (www.weworkremotely.com).

Mit dem Internet arbeiten

Sehr viele Webdesigner, Web Developer und SEO-Spezialisten reisen um die Welt, während sie arbeiten, und akquirieren von unterwegs neue Kunden. Tatsächlich haben viele Webseiten-Inhaber keine Ahnung, dass ihre Seite von jemandem gestaltet wurde, der auf der anderen Seite des Globus sitzt.

Designer oder Developer?

Leute, die eine Website erstellen können, werden immer gebraucht. Die Basisfähigkeiten dafür zu erlernen, ist relativ leicht, und mit jedem neuen Auftrag gewinnt man an Erfahrung hinzu. Bei Webentwicklern liegt der Fokus auf Programmiersprachen und den Apps im Hintergrund. Webdesigner kümmern sich um das Erscheinungsbild der fertigen Website.

Manchmal sind die Kundenwünsche erfüllbar, manchmal auch nicht. Daher muss man gut mit Menschen umgehen können und Geduld haben, um sicherzustellen, dass die Kunden mit dem Endergebnis zufrieden sind. Als Erstes aber braucht man seine eigene, schön gestaltete Website, um alles zu präsentieren, was man kann, und ein Portfolio fertiggestellter Projekte. Um zu sehen, was andere Designer tun, eignen sich Dribble (www.dribble.com), Coroflot (www.coroflot.com) und Behance (www.behance.net).

Für das Design braucht man zum Erstellen und Bearbeiten von Bildern eine Reihe Design Apps auf dem Laptop – Standard ist Creative Cloud von Adobe (www.adobe.com). Und man braucht eine Sammlung von Fonts, um die Seiten den Kundenwünschen optimal anzupassen.

Sich ausbilden

Für Neulinge lohnt sich die Ausbildung im Schreiben von HTML, im Kodieren in Cascading Style Sheets (CSS) und im Erstellen einer App in Javascript und JQuery. Sinnvoll ist auch die Beschäftigung mit User Experience (UX) und User Interface (UI) Design; die meisten Kunden wollen eine Seite, die nicht nur toll aussieht, sondern auch ein Erlebnis für die Nutzer ist. Beliebte Online-Kodierkurse sind zum Beispiel SkillCrush (www.skillcrush.com), Codeacademy (www.codeacademy.com) und freeCodeCamp (www.freecodecamp.org).

SEO

Schön aussehen ist nicht alles. Um gesehen zu werden, braucht eine Website eine sehr gute Suchmaschinenoptimierung (SEO), um bei der Nutzersuche weit oben in der Liste der Ergebnisse zu erscheinen. Heute berät eine ganze Industrie Unternehmen, wie sie im Ranking nach oben kommen, und es gibt lukrative Möglichkeiten für bezahlte freie Mitarbeit. Um anzufangen, schreibt man sich für einige Kurse und Workshops in SEO und Internet-Marketing ein; TheBeginner's Guide von Moz (moz.com/beginners-guide-to-seo) ist gut geeignet für das Verständnis der Basics. Neuigkeiten zu Veränderungen von Suchmaschinenalgorithmen findet man auf Check SEO Round Table (www.seroundtable.com) und Search Engine Land (www.searchengineland.com).

© RAWIWANO / SHUTTERSTOCK

Jobs finden

Haben Sie Ihre Fähigkeiten perfektioniert, gehen Sie auf Seiten für Freelancer wie Upwork (www.upwork.com) und People Per Hour (www.peopleperhour.com). Für den Einstieg in den Bereich SEO kontaktieren Sie potenzielle Kunden, analysieren deren Content und schlagen Strategien zur Verbesserung vor, die auch gemessen werden kann.

TOP TIPP

»Ein Reiz von Web Development ist, dass man damit überall arbeiten kann. Das Kodieren kann man sich selbst mit Online-Kursen beibringen. Die meisten großen Städte haben auch Coding Bootcamps, die einen in ein paar Monaten dazu befähigen, einen Job anzunehmen. Manche Tech Firmen arbeiten nur noch mit ortsunabhängigen Mitarbeitern. Ihnen ist egal, wo man sich befindet, solange man einen guten Job macht.«

Lucy Monie Hall, Web Developer ehemals Lonely Planet Editor

Virtuell vor Ort sein

Früher einmal hieß Firmensupport, dass man vor Ort eine Schulter zur Verfügung stellt, an der der Kunde sich ausweinen konnte – manchmal wortwörtlich. Heutzutage werden alle Arten von Support auch aus der Ferne erledigt, von der Buchhaltung und dem IT-Support bis zum Managen von Social-Media-Accounts.

© CHZ_MHONG / SHUTTERSTOCK

Die Zeit einhalten

Für die meisten Firmen ist ein wichtiges Kriterium, dass sich die Supporter in derselben Zeitzone befinden wie die Firmen oder ihre Kunden. Von einem Strandresort in Bali technischen Support für eine Firma in den USA zu liefern, funktioniert schlecht, es sei denn, man arbeitet gerne die Nacht durch. Asiatische Kunden von den USA aus zu unterstützen, könnte dagegen genau der Job sein, den Sie suchen.

© MATT MUNRO / LONELY PLANET

Virtueller Assistent werden

Virtuelle Assistenten (VAs) machen all das, was eine Assistenz vor Ort auch macht, nur von einem anderen Ort aus. Personal Virtual Assistants (PVAs) unterstützen einzelne Personen; die anderen liefern Unterstützung quer durch die Firma – Sekretariatsarbeit, Büroadministration, Kalendermanagement, Rechnungsstellung, Buchhaltung –, alles, was hilft, die Firma am Laufen zu halten. Einen Überblick liefert das Virtual Assistant Handbook (www.thevahandbook.com). Mit spezifischen Fähigkeiten ist die Wahrscheinlichkeit größer, einen Job zu bekommen, als wenn man sich für alles Mögliche anbietet. Erfahrung zählt. Suchen Sie nach Jobs auf Seiten wie Upwork (www.upwork.com) und Freelancer (www.freelancer.com) unter Verwendung von Kombinationen mit »virtual«, »assistant«, »Hilfe« oder »help«, »support« und Begriffen, die mit dem Geschäft in Zusammenhang stehen, in dem Sie arbeiten.

© SEAN PAVONE PHOTO / ISTOCK / GETTY IMAGES

Social Media Manager

Social-Media-Accounts für private Firmen zu managen, ist für digitale Nomaden, die Digital Natives sind, ein einfacher Job. Die Arbeit kann alles Mögliche sein, zum Beispiel das Aktualisieren des Twitter-Accounts einer Firma oder der Aufbau von Allianzen mit Influencern. Da man Firmen-Accounts managt, tut man das am besten über ein Virtual Private Network (VPN).

Neben Spitzenexpertise in Twitter, Facebook, Instagram und anderen sozialen Plattformen ist es hilfreich, Erfahrung in Marketing, SEO, Public Relations oder Kommunikation zu haben. Social Media ist eine am Ergebnis orientierte Industrie, man muss also nachweisen, dass man die gewünschte Zielgruppe erreicht; das tut man mit Tools wie Twitter Analytics (analytics.twitter.com), Facebook Audience Insights (www.facebook.com/ads/audience_insights) und Google Analytics (analytics.google.com).

Viele Leute finden ihren ersten Job über LinkedIn oder geschäftsspezifische Gruppen und Foren. Andere Suchmöglichkeiten sind Seiten für Freelancer-Jobs wie Upwork (www.upwork.com) und Freelancer (www.freelancer.com).

Technik-Support

Mit den entsprechenden Fähigkeiten findet man leicht Arbeit, wenn man Technik-Support über Online-Chat-Plattformen, Videostreaming oder IP-Telefonie anbietet.

Für Technik-Support benötigt man vor allem solide Kenntnisse in der Technologie, die man supporten möchte, profundes Computerwissen und exzellente Kommunikationsfähigkeiten. Am besten sucht man Jobs, die direkt mit der bisherigen Erfahrung zu tun haben, und zwar mithilfe des Firmennetzwerks und mit für das avisierte Business relevanten Suchbegriffen plus »support« auf Seiten wie Flexjobs (www.flexjobs.com), Freelancer (www.freelancer.com) und Upwork (www.upwork.com).

© HERO IMAGES / GETTY IMAGES

Online kreativ sein

Es gibt Hunderte kreative Arten, seinen Unterhalt zu verdienen, während man reist. Wenn man irgendeine Fähigkeit hat, die einen nicht an einen festen Ort bindet, könnte das für digitale Nomaden eine Grundlage für eine blühende Karriere bedeuten.

Fotograf werden

Reisefotografie ist bei digitalen Nomaden fast so beliebt wie Reiseberichterstattung. Ein Bonus ist, dass man dieselbe Fotografie lizensiert verschiedenen Kunden verkaufen kann. Ein Nachteil sind die Kosten der Ausrüstung – eine sehr gute DSLR-Kamera und ein Set Linsen ist das Minimum, dazu kommen Ausgaben für die digitale Speicherung der Bilddateien und eine Versicherung für die Ausstattung. Und dann muss man noch in Fotobearbeitungs-Software investieren – Adobe Photoshop ist Standard. Eine oft nicht beachtete ökonomische Regel ist das Finden von originellen Fotothemen. Es gibt eine Million Fotos vom Taj Mahal, aber vergleichsweise wenige von Bars in Delhi – füllen Sie die Lücke, und Sie haben bei einem potenziellen Kunden weniger Konkurrenz. Haben Sie immer im Blick, was ein Bildkäufer vielleicht sucht, und mischen Sie naheliegende, ins Auge springende Anblicke mit weniger üblichen Ansichten, ungewöhnlichen Bildern von Menschen in Aktion und Reiseinfrastruktur. Um Lücken im Angebot herauszufinden, durchsuchen Sie die Websites von Bildagenturen wie Getty (www.gettyimages.co.uk), Alamy (www.alamy.com) und Shutterstock (www.shutterstock.com). Auf den Agenturseiten steht auch, wie Ihre Bilder auf deren Seiten kommen, damit Sie damit Geld verdienen können; eine der leichtesten Optionen ist 500Px (web.500px.com). Und betonen Sie auf Ihrer Website und Ihrem Instagram- und Twitter-Account immer die Existenz von Fotos und Ihre Bereitschaft für Auftragsfotos.

WAS MAN BRAUCHT

Kernstück ist das auf Mitgliedschaft basierende Adobe Creative Cloud (www.adobe.com/uk/creativecloud). Das Paket umfasst branchenübliche Applikationen wie Photoshop (zum Bearbeiten von Fotos), Premiere Pro (für Videos), Illustrator (für Grafik) und Adobe Portfolio (praktisch zum Erstellen einer Portfolio-Website).

Filme machen

Für Websites werden immer Videos gebraucht, aber wegen der Fülle an Handy-Clips lässt sich nur mit professioneller Arbeit Geld machen. Man braucht ein stabiles Stativ, ein externes Mikro, eine sehr gute HD-Kamera (besser mit optischem als digitalem Zoom) und möglichst die Bearbeitungssoftware Adobe Premiere Pro. Filmen Sie immer von Nahem und aus der Ferne, und zoomen Sie auf Details, um mit geringer Tiefenschärfe Objekte zu isolieren. Stellen Sie zunächst das Gesamtarrangement vor, dann gehen Sie zum Beispiel während Interviews auf Hände und Gesichter, fügen Sie unbelebten Objekten Bewegung hinzu – Wolken, Verkehr usw. – und erwecken Sie Ihr Filmmaterial zum Leben, indem Sie Menschen in Aktion filmen. Erstellen Sie ein Portfolio, teilen Sie Filmmaterial auf Twitter und Instagram, zeigen Sie Ihre besten Arbeiten auf Ihrem Blog oder Ihrer Website, und verkaufen Sie sie durch Bildagenturen wie Pond5 (www.pond5.com) und große Namen wie Shutterstock oder Adobe Stock.

Grafikdesigner werden

Grafikdesign ist noch so ein toller Job für Nomaden, aber man muss zur Technikliste noch ein Grafiktablett und einen Eingabestift hinzufügen. Wichtige Software sind zum Beispiel Adobe Photoshop und Illustrator. Dann braucht man noch eine Lagermöglichkeit für seine Arbeiten, entweder auf externen Hard-Drives oder sicherer auf Google Drive (www.google.com/drive), Dropbox (www.dropbox.com) oder einem anderen Cloud-basierten Server. Vor dem Einstieg sollte man seine Website zum Online-Portfolio machen und seine Kreationen möglichst breit auf Social-Media-Plattformen teilen. Jobs als Grafikdesigner sucht man auf Seiten für Freelancer, zum Beispiel auf 99 Designs (www.99designs.co.uk), Fiverr (www.fiverr.com), Upwork (www.upwork.com) und der an Start-ups orientierten AngelList (www.angel.co). Viele ergänzen ihr Einkommen durch den Verkauf von einmaligen Designs auf Seiten wie Creative Market (www.creativemarket.com) und Freepik (www.freepik.com).

Musik machen

Seit Musik digital wurde, können Produzenten und Tonmeister von unterwegs Musik editieren und mischen. Um aus Ihrem Laptop eine tragbare DAW (Digital Audio Workstation) zu machen, brauchen Sie eine sehr hohe Prozessorleistung und ein abgespecktes Aufnahmegerät mit einem Audio Interface, einen tragbaren Audio Recorder, Monitor Headphones und ein USB Midi-Keyboard. Fast alles andere, vom virtuellen Schlagwerkzeug bis zu Vintage Amps, kann mit digitalen Plug-ins hinzugefügt werden.

Haupteinnahmequellen für Audionomaden sind das Erarbeiten von Musik für Videospiele, instrumentale Backing Tracks für Werbung und Sample Packs und Loops für Musikproduzenten. Auf Musikagenturen wie Audio Jungle (www.audiojungle.net) und Pond 5 (www.pond5.com) kann man Musik verkaufen, oder man sucht nach Freelancer-Musikjobs auf Freelancer-Seiten wie Upwork (www.upwork.com) und People Per Hour (www.peopleperhour.com).

© OZGUR DONMAZ / ISTOCK / GETTY IMAGES

TOP TIPP

»Das Speichern in der Cloud ist ein Muss für jeden kreativen digitalen Nomaden. Bei Google Drive bekommt man 15 GB Speicherplatz gratis, und gegen Gebühr kann man in 25-GB-Blöcken upgraden. Außerdem gibt es Dropbox mit einem gratis 2-GB-Account oder 1-TB-Speicher für 10 Euro im Monat.«

Joe Bindloss, Reiseautor, www.bindloss.co.uk

Fernlernen leicht gemacht

Englisch als Fremdsprache zu unterrichten, ist schon lange eine Einnahmequelle für digitale Nomaden, und viele ergänzen heute ihre Arbeit im Internet mit Sprachlehrer-Tätigkeiten. Als Qualifikation braucht man meist TEFL (Teaching English as a Foreign Language; www.tefl.org) oder TESOL (Teaching English to Speakers of Other Language; www.tesol.org). Natürlich ist das traditionelle Unterrichten im Klassenraum unterwegs nicht unbedingt möglich. Aber das Interesse am Online-Lernen wächst, vor allem in China. Mit Video-Streaming-Tools kann man Gruppen oder einzelne Schüler auch von weitweg unterrichten.

Sprachunterricht online

Die Anforderungen, um als Online-Lehrer arbeiten zu können, werden für die meisten digitalen Nomaden kein Problem sein. Sprachschulen fordern meist eine fachliche Qualifikation mit Abschluss und ein TEFL- oder TESOL-Zertifikat, das man online oder vor Ort in Sprachschulen in der ganzen Welt erwerben kann.

Die meisten Schulen richten sich an Lernende in China und Korea, und einige Programme sind begrenzt für Lehrer aus den USA und Kanada. Gut bezahlte, stundenweise Arbeit findet man bei VipKid (t.vipkid.com.cn) und SayABC (t.sayabc.com), ähnliche Arbeit für etwas weniger Honorar bei Cambly (www.cambly.com), Englishunt (www.englishuntusa.com) und QKids (teacher.qkids.net).

Auch über Apps fürs Handy kann man Arbeit für Einzelunterricht finden, zum Beispiel bei Nice Talk (tutor.nicetalk.com), Palfish (www.ipalfish.com) und Tandem (www.tandem.net) und so sein Gepäck noch weiter erleichtern.

Lost in Translation

Mehrsprachige können von überall her mit dem Übersetzen geschriebener Texte Geld verdienen. Was genau man tut, hängt davon ab, welche Sprachen man beherrscht, aber wenn man zum Beispiel japanische Texte ins Arabische übersetzen kann, wird man kaum Konkurrenz haben. Jobs kann man suchen auf Seiten wie Upwork (www.upwork.com), Freelancer (www.freelancer.com), ProZ (www.proz.com), Translate (www.onehourtranslation.com) und UnBabel (www.unbabel.com).

© HERO IMAGES / GETTY IMAGES

© HERO IMAGES / GETTY IMAGES

Noch mehr unterrichten

Dank dem Wunder des Videostreamings kann man fast alles von unterwegs unterrichten, vom Gitarrenspiel über die Benutzung von WordPress bis zu Kenntnissen in SEO. Man braucht nur eine schnelle Internetverbindung, eine Webcam (oder zwei) und einen strukturierten Ansatz, damit die Schüler merken, dass sie für ihr Geld etwas zurückbekommen. Schüler findet man, indem man seine Dienste bewirbt, entweder über die eigene Website oder den eigenen Blog, über Social Media oder konventionellere Werbekanäle. Viele Online-Lehrer bieten als Anreiz Gratisstunden bei YouTube an.

© TOMAS SEREDA / ISTOCK / GETTY IMAGES

REISEZIELE

FU·WAX

Ein Ziel aussuchen

© MUSTANG_79 / ISTOCK / GETTY IMAGES

Okay, Sie haben sich entschieden! Nun ist die nächste große Frage, wohin Sie zuerst reisen. Die meisten digitalen Nomaden wechseln den Ort mehrere Male im Jahr, meist wegen der Visabestimmungen oder um heiße Sommer und kalte Winter zu vermeiden. Aber irgendwo muss die Reise losgehen. Wenn man keine beliebige Stecknadel in die Weltkarte stecken will, wie wählt man dann seine erste Basis? Hier sind ein paar Ideen.

© 2020, KAPTAR, BUDAPEST / PH. ATTILA OZSE – OZSEATTILA.COM

Klein anfangen

Seien Sie mit Ihrem ersten Ziel nicht zu ehrgeizig. Wählen Sie etwas mit einer soliden Infrastruktur, niedrigen Unterhaltskosten, vielen Co-Working-Spaces, und einer guten Lebensqualität, um nicht zu viel Energie für Ihre Anpassung zu verbrauchen. Wenn Sie schon die Landessprache sprechen, umso besser. Länder, die einen langen Aufenthalt ohne Visa erlauben, sind eine gute Wahl. Schieben Sie die Länder mit Visa Run und Freelancervisum auf, bis Sie definitiv wissen, dass der Nomaden-Lebensstil der richtige für Sie ist. Später ist noch genug Zeit, die unterwegs auftauchenden, entlegeneren Orte zu entdecken.

Harte Arbeit, schöne Freizeit

Wählen Sie zunächst einen Ort, an dem Sie gut arbeiten, sich aber auch eine schöne Zeit machen können. Für die meisten Nomaden ist das Reisen mindestens so wichtig wie die Arbeit, also fahren Sie dorthin, wo Sie schon immer hinwollten und wo es viele spannende Dinge zu tun gibt. Anfangs werden Ihre Unterhaltskosten höher sein als später, wenn Sie schon geübter Nomade sind. Kostenlose Freizeitaktivitäten wie Surfen, Wandern und das Erkunden der Umgebung bedeuten weniger Sorgen mit Ihrem Budget. Was Sie auch sonst tun, geben Sie nicht gleich am Anfang Ihre Notreserve für zwei Wochen Fallschirmspringen aus!

TOP TIPP

»Als ich anfing zu reisen, habe ich jede Woche den Ort gewechselt. Nach und nach wurde ich ruhiger und blieb schließlich etwa drei Monate am selben Ort. Meine Lieblingsplätze sind Estland im Sommer (niedrige Unterhaltskosten, gutes Internet, tolles Nachtleben), und wenn es dort kalt wird, Südostasien. Winter ist optional.«
Piotr Gryko, Softwareentwickler-Nomade, www.piotrgryko.com

Andere Nomaden fragen

Nicht jedes Ziel ist eine perfekte Wahl. Wenn Sie unsicher sind, fragen Sie Nomaden, die dort sind, nach ihrer ehrlichen Einschätzung. Chris the Freelancer (**www.christhefreelancer.com**) ist einer aus der wachsenden Gemeinschaft digitaler Nomaden, die während ihrer Reisen Berichte aus den jeweiligen Orten posten. Schließen Sie sich Facebook-Gruppen für Nomaden und Expats an und bitten Sie Leute um Informationen, die an Ihrem anvisierten Ziel wohnen.

Einen Plan fürs erste Jahr machen

Wenn alles gut geht, ist Ihr erster Stopp so ein Erfolg, dass Sie weitermachen wollen. Planen Sie, wie lange Sie bleiben und wohin Sie danach weiterziehen. Berücksichtigen Sie Reisekosten und Jahreszeit; viele Nomaden bestimmen ihre Ziele nach dem Klima und profitieren von gutem Wetter an jedem ihrer Aufenthaltsorte. Sinnvoll ist auch, einen Ort zu wählen, von dem aus man leicht in die Nachbarländer fahren kann. In Gegenden wie Osteuropa und Südostasien kann man eine neue geeignete Basis finden, indem man nur die Grenze passiert.

Bereit für Veränderungen

Wenn man vor der Ankunft an einem Ort schon genau weiß, was man dort alles haben will, ist das eine Garantie für Stress. Eine Wunschvorstellung ist okay, aber man sollte bereit sein, sie anzupassen. Digitales Nomadentum bietet einen extremen Grad an Freiheit – schränken Sie sich nicht selbst ein, indem Sie sich an einen festgelegten Plan klammern.

Clevere Arbeitsorganisation

Spaß ist wichtig, aber vergessen Sie nicht die geschäftliche Seite der Gleichung. Gehen Sie diszipliniert an Ihre Zeitplanung – wann Sie arbeiten, wann Sie Freizeit haben. Wählen Sie einen Ort mit schnellem Internet und der nötigen Infrastruktur für Ihr Geschäft und bedenken Sie die Zeitzonen – wenn Ihre Kunden in Nordamerika sitzen und Sie ihnen in Taipeh zwölf Stunden voraus sind, finden alle Meetings für Sie früh am Morgen oder spät am Abend statt.

FÜNF WICHTIGE KRITERIEN FÜR »DIGITALE ZIELE«

Orte für digitale Nomaden gibt es auf der ganzen Welt, von High-Tech-Megacitys über mittelalterliche Städtchen auf dem Land bis zu lässigen Strandresorts. Aber alle haben ein paar wichtige Dinge gemeinsam. Hier sind die fünf Hauptattribute.

Gut verbunden

Als ortsunabhängig Arbeitender ist das Wichtigste für Ihr Geschäft ein schneller Internetzugang. Wie schnell, hängt von Ihrer Tätigkeit ab – für Blogger, Fotografen und andere Nomaden, die auch offline arbeiten können, reicht es vielleicht, öffentliche WLAN-Verbindungen mit so geringen Download-Geschwindigkeiten wie 5 Mbit pro Sekunde zu nutzen. IT-Arbeiter brauchen eventuell 100 Mbit pro Sekunde oder mehr und müssen meist von kostenpflichtigen Co-Working-Spaces arbeiten.

Cafés, Co-Working und Communities

Auch ein digitaler Nomade braucht einen Platz, an dem er arbeiten kann. Manche arbeiten ausschließlich in Cafés mit freiem WLAN, wodurch sich die Arbeitsplatzkosten nur auf ein paar Cappuccinos am Tag belaufen. Andere brauchen High-Tech-Arbeitsplätze, von wo aus sie mit anderen ortsunabhängigen Kollegen in einer mehr konventionellen Büroumgebung kommunizieren. Suchen Sie nach Städten, die beides haben, und nach Facebook-Gruppen, festen Treffen und sozialen Ereignissen für digitale Nomaden, bei denen Neulinge willkommen sind.

© LUMINA IMAGES / GETTY IMAGES

© RICARDO CANINO / SHUTTERSTOCK

Einreise und Visum

Ein Ort, für den man nur ein Visum für zwei Wochen bekommt, nützt einem digitalen Nomaden nichts. Die besten Ziele für Nomaden bieten billige Visa oder sogar visumfreies Reisen für mehrere Monate, sodass man sich in Ruhe seiner Arbeit widmen kann, bevor man sich um die Weiterreise oder eine Erneuerung der Papiere kümmern muss. Einige Reiseziele haben besondere Angebote, um digitale Nomaden anzulocken – Tiflis in Georgien bietet visumfreies Reisen für ein Jahr, während Tallinn in Estland besondere Visumskategorien für digitale Nomaden hat.

Unterkunft

Wenn Sie irgendwo länger bleiben wollen, ist es wichtig, dass Sie ein Zimmer oder eine Wohnung mieten können, ohne mit zu viel Konkurrenz darum kämpfen zu müssen. Sogar Hostels können teuer werden, wenn man mehrere Monate bleibt, und nach ein paar Wochen bekommt fast jeder Sehnsucht nach ein bisschen Privatsphäre. Suchen Sie daher nach Städten, in denen es viele Zimmer und Apartments zu mieten gibt, und fragen Sie andere Nomaden um Rat, um eine Bleibe zu finden.

Preiswertes Leben

Viele verdienen als digitale Nomaden gut, aber meist zentriert sich dieser Lebensstil in Städten mit niedrigen Lebenshaltungskosten. Achten Sie auf niedrige Preise bei Essen, Unterkunft, Co-Working-Spaces, öffentlichen Verkehrsmitteln und auf kostenfreies öffentliches WLAN. Die meisten Städte mit vielen digitalen Nomaden sind nicht zufällig billiger als deren Zuhause; eine lange Zeit anderswo zu leben, bringt eine Menge Kosten mit sich, und es gibt wenige Orte, in denen man für weniger als 1000 Euro pro Monat gut leben kann.

WELCHE DIGITALEN ZENTREN GIBT ES?

Zentren digitaler Nomaden gibt es in allen Formen und Größen, von entspannten Surfresorts bis zu asiatischen Megacitys. Die meisten passen in eine der folgenden Kategorien.

DIE TECH-METROPOLEN

Einige der besten Zentren für digitale Nomaden sind lebendige, moderne Städte – oft in Asien – mit einer jungen Bevölkerung, modernster Tech-Industrie und gut etablierten Netzwerken der Unternehmer vor Ort. Hier werden Co-Working-Spaces sowohl von einheimischen Computerfachleuten wie auch von auswärtigen Besuchern genutzt, und die Gelegenheiten zu neuen Geschäftspartnerschaften sind endlos. Die Kehrseite ist, dass die Lebenshaltungskosten hier höher sind als im Durchschnitt und es eine große Konkurrenz um Wohnraum gibt.

DIE ANDEREN HAUPTSTÄDTE

In Europa gibt es abseits der großen europäischen Staaten viele kleine Länder, in denen sich dynamische Geschäftszentren herausbilden. Historische Hauptstädte wie Tiflis, Budapest und Tallinn bieten ein perfektes Angebot: niedrige Lebenshaltungskosten, technikfreundliche Infrastruktur und eine Aufgeschlossenheit für Neues. Typisch für diese Zentren sind günstige Visumsregularien, innovative Co-Working-Spaces und eine jahrhundertealte Geschichte. Ihr Fokus sollte aber eher auf der Arbeit als auf der Freizeit liegen, auch wenn einigen Nomaden das nicht so sehr schmeckt.

DIE ZWEITE STADT

In der ganzen Welt schöpfen die sogenannten »Primatstädte« die große Menge der Tech-Talente ab, indem sie denjenigen, die sich die exorbitanten Lebenshaltungskosten leisten können, endlose Möglichkeiten bieten. Aber wie wär es mit den zweiten Städten – meist tatsächlich auch die zweitgrößten eines Landes –, in denen Lokalpolitiker alles daran setzen, um Geschäftsleuten das Leben zu erleichtern. Hier sind die Lebenshaltungskosten niedriger, und es gibt weniger Konkurrenz um Wohnraum und Ressourcen. Es geht gemächlicher zu, sodass man sich bald wie ein Einheimischer fühlt, während man für Kunden auf der anderen Seite des Globus arbeitet.

BACKPACKER HANGOUTS

Asiens beliebteste digitale Zentren waren früher oft von Backpackern überflutet, bevor Reisende mit Laptops die Co-Working-Bewegung in Gang setzten. In diesen Städten gibt es Unmengen Aktivitäten, billiges Essen, massenweise Kurzzeit-Quartiere und ein intensives Nachtleben, doch oft keine landestypische Atmosphäre mehr. Auch kann man hier schnell sein Geld durchbringen. Einige mögen diese Szene, andere möchten lieber in das Land eintauchen, in dem sie arbeiten.

RESORTS FÜR EINE SUPER FREIZEIT

Digitale Nomaden lieben ihre Hobbys, und viele digitale Zentren am Meer bieten die Möglichkeit für tolle Aktivitäten. Wenige Nomaden arbeiten tatsächlich am Strand – schwierig, auf dem Bildschirm etwas zu erkennen –, aber ein leichter Zugang zu Sand und Meer hat seinen Reiz. Diese Resorts sind meist kleiner, haben wenige Co-Working-Spaces und langsameres Internet, aber viele Freizeitmöglichkeiten.
Zu bestimmten Zeiten im Jahr können diese Orte von Touristen überflutet sein, sodass die Preise steigen.

© WESTEND61 / GETTY IMAGES

TOP TIPP

»Als digitaler Nomade ist man privilegiert – man kann fast überall auf der Welt arbeiten. Wählen Sie einen Ort, dessen Kultur Sie mögen, an dem Sie Dinge tun können, die Sie mögen, wo Ihnen das Essen und der Lebensstil gefallen. Das ist mindestens so wichtig wie die Anzahl der Co-Working-Spaces.«

Joe Bindloss, Reiseautor, www.bindloss.co.uk

© OLEKSIY MARK / SHUTTERSTOCK

Der Weg zum Ziel

© OLESYA KUZNETSOVA / SHUTTERSTOCK

Digitale Nomaden sind beim Buchen von Flügen, Zügen, Bussen und Fähren flexibler als die meisten Menschen. Sie können jederzeit und überallhin reisen und die Reisepläne spontan ändern, wenn sich neue Möglichkeiten auftun. Tolle Voraussetzungen, um billige Schnäppchen zu machen!

© KELLY CHENG TRAVEL PHOTOGRAPHY / GETTY IMAGES

FLEXIBEL SEIN

Als Ihr eigener Herr können Sie reisen, wann Sie wollen und wohin Sie wollen. Planen Sie so, dass Sie überfüllte Straßen und Hauptverkehrszeiten wie Schulferien meiden, um zu sparen. Das gilt auch für Wochentage – viele Geschäftsreisende fliegen am Montag los und am Freitag zurück, während Wochenendausflügler am Freitag los- und am Sonntag zurückfliegen. Preise fallen daher oft am Samstag, Dienstag und Mittwoch.

FLUGPREISE ÜBERWACHEN

Flugpreise fluktuieren ständig, buchen Sie, wenn sie im Keller sind. Gehen Sie auf Seiten wie Skiplagged (www.skiplagged.com), TravelZoo (www.travelzoo.com), Travel Pirates (www.travelpirates.com) und The Flight Deal (www.theflightdeal.com). Eine gute Zeit für billige Flüge ist meist zwei bis eineinhalb Monate vor der Reise. Bei Kayak (www.kayak.co.uk) gibt es in den Suchergebnissen auch eine Preisvorausschau; Skyscanner (www.skyscanner.net) hat eine Landkarte, die auf einen Blick Flugpreise in Städte der ganzen Welt anzeigt.

NACH SONDERPREISEN SUCHEN

Wenn Fluglinien neue Routen anbieten, locken sie oft mit niedrigen Preisen; tragen Sie sich für Newsletter ein, um diese Angebote zu bekommen. Skyscanner (www.skyscanner.net) postet Updates für Flüge, die billiger als der Durchschnitt sind. Übersehen Sie keine falschen Flugpreise; auch Fluglinien machen Fehler, manchmal werden Flugpreise irrtümlich niedriger angegeben als sie letztendlich sind. Achten Sie auf Benachrichtigungen in E-Mail-Newslettern und Social-Media-Posts von Discount-Flugseiten.

BILLIGERE FLUGHÄFEN NUTZEN

Viele Reisende zahlen mehr als nötig, um zu ihrem Wahlziel zu kommen, obwohl ein kleinerer Flughafen in der Nähe billiger wäre. Als digitaler Nomade haben Sie die Flexibilität, zu einem benachbarten Flughafen zu fliegen und den Zug über die Grenze zu nehmen oder einen Bus vom Flughafen nahe Ihrem Ziel. Flüge nach Penang in Malaysia sind zum Beispiel teurer, als wenn man nach Kuala Lumpur fliegt und dann mit Bus oder Bahn nach George Town auf Penang fährt. Flüge nach Australien vom Avalon Airport in Geelong können die Hälfte des Preises vom nahe gelegenen Flughafen Melbourne Tullamarine kosten.

BILLIGER FLIEGEN MIT ZWEI FLÜGEN

Ticketpreise von großen Flughäfen wie London Heathrow können bedeutend niedriger sein als Fernflüge von kleineren europäischen Städten, daher kann man mit einem billigen Kurzstreckenflug zu einer großen Stadt von den Gesamtkosten eines Langstreckenfluges Hunderte Euro sparen. Dafür muss man meist zwei separate Tickets buchen – verpasst man den Langstreckenflug, weil der Billigflug verspätet war, bekommt man keine Entschädigung, also bauen Sie zwischen den beiden Flügen einen guten Zeitpuffer ein.

BONUSMEILEN NUTZEN

Die meisten Fluglinien bieten Vielfliegern Rabatte, und wenn man oft mit einer Fluglinie oder Alliance fliegt, hat man schnell genug Flugmeilen für einen Kurzstreckenflug zusammen. Die drei großen Airline-Alliances sind Star Alliance (www.staralliance.com), One World (www.oneworld.com) und Sky Team (www.skyteam.com). Bonusmeilen von einem Mitglied können mit allen Mitgliedern derselben Gruppe zusammengelegt werden. Um mehr Meilen zu erhalten, sollte man alle Flüge mit einer zur Meilengruppe verlinkten Kreditkarte zahlen. Aber begleichen Sie Ihre Kartenschulden jeden Monat, um hohe Zinsen zu vermeiden.

Alternative Reisetipps für Umweltbewusste

Heutzutage gibt es ein größeres Bewusstsein dafür, dass das Fliegen um den Globus der Umwelt schadet. Aber für ein erfülltes Nomadenleben muss man nicht spontan von einer Stadt zur anderen fliegen. Hier sind ein paar Tipps, wie man beim Reisen seinen CO_2-Fußabdruck verringern kann.

Reisen über Land

Als digitaler Nomade hat man viel Zeit, warum also zum nächsten Ziel hetzen, wenn man gemächlich durch die Landschaft fahren kann? Man hat mehr schöne Reiseerinnerungen, wenn man mit Bus oder Bahn oder sogar dem Elektroauto reist. Die Route kann dann über mehrere Nomadenzentren auf dem Weg geplant werden. Hat man seine Basis in Südostasien, Mittel- und Südamerika oder Europa, kann man leicht von Land zu Land reisen, ohne sich jemals einem Flughafen nähern zu müssen. Die Seite The Man in Seat 61 (www.seat61.com) informiert über internationale Zugreisen.

Reisen mit dem Schiff

Die 16-jährige Greta Thunberg fuhr 2019 zum UN-Klimagipfel von England nach New York mit dem Segelboot, warum also sollten Sie nicht mit dem Schiff oder der Fähre zu Ihrem nächsten Reiseziel fahren? Allerdings haben verschiedene Schiffe verschiedene CO2-Fußabdrücke, große Kreuzfahrtschiffe produzieren mehr CO2 pro Passagier als Flugzeuge, Segelboote dagegen gar keines. Zwar dauert das Reisen übers Wasser länger als das Fliegen, aber zwischen vielen Inselnationen sind Fähren das Standardtransportmittel. Auf Ferrylines (www.ferrylines.com) findet man internationale Routen weltweit.

© VASILII GARBUZ / ALAMY STOCK PHOTO

Nachhaltige Co-Working-Spaces

Viele Co-Working-Spaces sind heute auf die eine oder andere Art »grün«, sie reduzieren ihren Energieverbrauch, recyceln und kompostieren. Die Maßnahmen können klein sein (zum Beispiel mit Kaffeesatz düngen) oder groß (das gesamte Büro verwendet erneuerbare Energie). Die Datenzentren, die das Internet speisen, haben eine ähnlich hohe CO_2-Bilanz wie die Flugindustrie, daher sollte man auch beim Surfen Energie sparen. Die meisten Co-Working-Spaces tendieren zu einer fortschrittlichen Umweltpolitik, informieren Sie sich, bevor Sie sich dort anmelden.

TOP TIPP

»Die Elektroautoindustrie boomt und macht umweltfreundliches Reisen mit dem Auto leichter denn je. Viele Ladestationen gibt es vor allem in Westeuropa, Nordamerika, Japan und China, aber die Welt holt auf. Wenn man keine Leihstation für E-Autos findet, kann man Peer-to-Peer-Projekte oder Autoclubs in seiner Gegend kontaktieren.«

Dora Ball, Reise-Editor, @dorawhit

KOMPENSIEREN VON CO2-VERBRAUCH

Seinen CO_2-Fußabdruck zu reduzieren, sollte das erste Ziel sein, aber das nicht vermeidbare CO_2 kann man mit einem finanziellen Beitrag für ein grünes Projekt kompensieren. Das System ist nicht perfekt – einigen Organisationen wird vorgeworfen, dass sie nur die Lizenz zur Verschmutzung an wohlhabende Reisende vergeben, damit diese sich beim Fliegen um den Globus weniger schuldig fühlen. Achten Sie also darauf, wer Ihr Geld bekommt. Nutzen Sie zum Beispiel Ausgleichsprojekte, die zertifiziert sind von Gold Standard (www.goldstandard.org), Climate Action Reserve (www.climateactionreserve.org), Plan Vivo (www.planvivo.org) oder Verra (www.verra.org), damit Ihr Geld auch wirklich einen Unterschied macht.

© THPSTOCK / SHUTTERSTOCK

BEVOR ES LOSGEHT

Gesundheitsvorbereitungen vor der Abreise

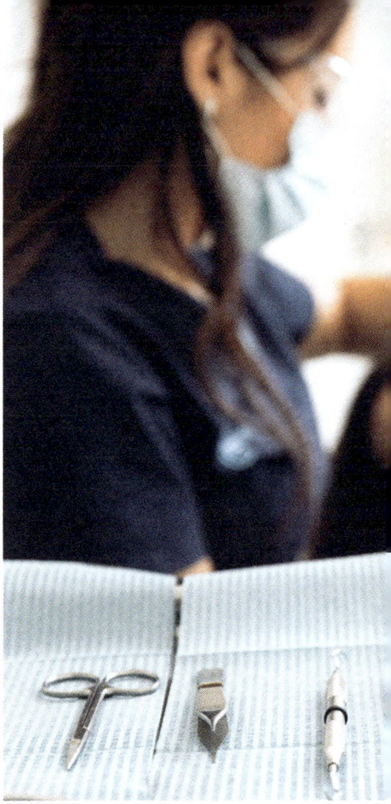

Am wichtigsten für die Gesundheit unterwegs ist, dass man gesund losfährt. Dafür sollte man sich regelmäßig bewegen, ausgeglichen essen, nicht rauchen und Alkohol nur moderat konsumieren. Ein Arztbesuch vor dem Trip ist unerlässlich – für einen allgemeinen Check-up und um zu erfahren, welche Impfungen man braucht. Mehr Informationen zu gesundheitlichen Maßnahmen vor der Reise finden Sie auf Travel Health Pro (www.travelhealthpro.org.uk).

Allgemeiner Check-up beim Arzt

Falls man ein gesundheitliches Problem hat, sollte man das auf jeden Fall vor der Reise wissen, und dann braucht man für unterwegs seine Verschreibung mit Namen des Originalpräparats und eventueller Generika und alle wichtigen medizinischen Papiere. Bei Allergien muss man die notwendigen Medikamente dabeihaben, außerdem Karteikarten, auf denen in der jeweiligen Landessprache das Leiden und die Behandlung erklärt sind.

Auch an Augen und Zähne denken!

Gehen Sie zum Zahnarzt und zum Augenarzt, um die Brillenstärke zu überprüfen und die Augen durchzuchecken. Brillen und Zahnarztbehandlungen können im Ausland billiger sein, aber es ist besser, zuerst zu einem zuverlässigen Experten zu gehen. Träger von Kontaktlinsen sollten ein extra Paar dabeihaben und Linsenflüssigkeit in Reserve (offene Flaschen verderben in der Hitze schneller).

Impfen lassen!

Etwa einen Monat vor der Abreise muss man sich um die nötigen Impfungen kümmern. Zentren für Reisemedizin haben Impfstoffe für die häufigsten Krankheiten vorrätig, aber sie können dort teurer sein als beim Hausarzt. Es kann mehrere Wochen dauern, bis man nach einer Impfung immun ist, warten Sie also nicht bis zur letzten Minute. Auch die Einnahme von Tabletten für Malariaprophylaxe muss oft schon vor der Abreise begonnen werden.

Medikamente mitnehmen

Wenn Sie ein gesundheitliches Leiden haben, nehmen Sie genug Medikamente mit. Kennen Sie deren Namen und die der Generika, falls Sie sie unterwegs kaufen müssen. Nehmen Sie mehr mit, als Sie brauchen, und teilen Sie Ihren Vorrat unter Ihren Gepäckstücken auf. Falls eines verloren geht, haben Sie eine Reserve. Einige Länder verbieten den Import bestimmter Medikamente – nach Japan dürfen zum Beispiel keine mitgenommen werden, die das Schmerzmittel Kodein und den Wirkstoff Pseudoephedrin enthalten.

Versicherung abschließen

Auf jedem Trip braucht man unbedingt eine Reiseversicherung mit einer umfassenden Gesundheitsversicherung, die möglichst den Rücktransport für den Notfall einschließt. Achten Sie darauf, ob die Versicherung Krankenhauskosten direkt bezahlt oder ob Sie das Geld auslegen und sich später erstatten lassen müssen. Manche Länder haben gegenseitige Gesundheitsvereinbarungen mit Ihrem Heimatland, aber man braucht eine Gesundheitskarte, um seine Anspruchsberechtigung nachzuweisen. Informieren Sie sich vor Ihrem Trip!

Geld und Kostenplanung

Die Entscheidung für ein Leben als digitaler Nomade ist der erste Schritt, aber nur mit guten Absichten kommt man nicht weit. Ein ortsunabhängiger Selbstständiger zu werden, kostet Geld, vor allem zu Anfang. Man braucht Geld für Flüge, Visa, Reiseversicherung und das tägliche Leben in einer neuen Stadt. Dazu kommen Kosten für das Geschäft. Unerlässlich ist eine Rücklage für Zeiten, in denen man nicht arbeiten kann, oder für Lücken zwischen Projekten. Und man muss Geld für einen Rückflug haben, falls man entscheidet, wieder aus dem Nomadenleben auszusteigen.

Schulden begleichen

Digitale Nomaden mit Schulden sind meist nicht lange digitale Nomaden. Bis zur Abreise sollten Sie alle Schulden bezahlen, Sie brauchen ja all Ihr Geld zur Finanzierung Ihres Reiselebens. Haben Sie eine Hypothek aufgenommen und wollen Ihr Haus oder Apartment behalten, vermieten Sie es, um die monatlichen Zahlungen begleichen zu können, und setzen Sie für die Verwaltung eine Firma ein. Gut wäre eine Eigentümerversicherung, die die Miete auch für die Zeit garantiert, für die Sie keinen Mieter finden.

Rücklagen aufbauen

Bevor man seinem alten Leben adieu sagt, sollte man ein finanzielles Polster aufbauen, um die Startkosten zu finanzieren und genug Geld für die Zeit zu haben, in der man seine Geschäfte aufbaut. Unerlässlich ist auch eine Rücklage für einen neuen Computer, falls er verloren geht oder gestohlen wird. Setzen Sie Ihre Buchhalterkappe auf und berechnen Sie, wie viel Sie genau brauchen, um an Ihr erstes Ziel zu kommen und zwei Monate ohne Einkommen zu leben, dann addieren Sie 50 Prozent als Puffer für Unvorhergesehenes.

Seine Grenzen kennen

Setzen Sie ein Minimum fest, unter das Ihr Finanzpolster nicht fallen darf. Wenn Sie den Rettungsschirm aufspannen müssen, sollte es noch reichen, um an Ihrem Aufenthaltsort die Schulden zu begleichen, nach Hause zu fliegen und davon leben zu können, bis Sie sich wieder stabilisiert haben. Eine solche Absicherung erspart Ihnen eine Menge Stress.

BUDGET CHECKLIST

Reicht mein Geld für ...?
Beim Aufbau und Erhalt Ihres Notfallpolsters sollte genug Geld da sein, um Folgendes mindestens zwei Monate bezahlen zu können:

★ Kosten von Unterkunft und Essen
★ Internetzugang
★ Handyrechnung
★ Gebühr für Co-Working-Space
★ Transport zu Ihrem Arbeitsplatz
★ Geld, um Handy oder Laptop zu ersetzen
★ Geld für Arztrechnungen im Notfall
★ Geld für einen Rückflug
★ Lebenshaltungskosten während der Jobsuche zu Hause

TOP TIPP

»Am Anfang ist alles neu, und es fallen einem schnell Rechtfertigungen für unnötige Ausgaben ein. Aber wenn das Reisen zum neuen Leben werden soll, muss man sein Budget wie jedes andere Geschäft managen und eine gute Reserve einplanen. Wenn diese nur aus dem Geld für den Rückflug besteht, werden die ersten Monate danach Ihr größter Absturz werden – nach dem freien Leben, an das Sie sich gerade gewöhnt haben.«

Joe Bindloss, Reiseautor, www.bindloss.co.uk

Geldmanagement im Ausland

Wie man sich auch bezahlen lässt, man braucht einen sicheren Weg, um im Ausland sein Geld zu managen. Die meisten Nomaden lassen sich ihren Verdienst auf ein Konto überweisen, mit dem sie übers Internet arbeiten können, aber für alltägliche Ausgaben muss man Bargeld abheben können. Liegt Ihr Geld auf einem Konto, bei dem Sie hohe Gebühren für jede Kartenzahlung oder Automatenabhebung zahlen, bleibt ein Teil Ihres hart erarbeiteten Geldes bei den Banken, anstatt Ihr Nomadenleben zu unterstützen.

Bargeld mit sich tragen

Wie sehr Ihr Reiseziel auch auf bargeldlosen Zahlungsverkehr umgestellt ist, für Kleinigkeiten wie Kaffee, Snacks und Transportmittel werden Sie auch Bargeld brauchen. Zur Vermeidung von häufigen Bankgebühren heben Sie lieber seltener, aber dafür größere Beträge ab. Verstauen Sie Ihr Bargeld sicher in einer Geldtasche, die Sie auf der Haut tragen, anstatt in der taschendiebfreundlichen Gesäßtasche Ihrer Jeans.

Bargeld für den Notfall

Eine Bargeldreserve in US-Dollar, UK-Pfund oder Euro sollten Sie sicher verstecken, falls Sie einmal nicht an Ihre Konten kommen (zum Beispiel bei Stromausfall, Kommunikationsstörungen, politischen Unruhen). Auch Reiseschecks wären dann praktisch und haben außerdem den Vorteil, dass sie bei Verlust oder Diebstahl ersetzt werden. Aber Reisende nutzen sie immer seltener, und sie werden auch immer weniger akzeptiert.

Per Handy zahlen

Die Zahlung per Handy erobert die Welt im Sturm, auch in vielen Entwicklungsländern. Apps wie Apple Pay (www.apple.com/uk/apple-pay) und Google Pay (https://pay.google.com) fungieren als digitale Geldbörsen, die den Nutzern kontaktlose Zahlungen mittels des NFC (Near Field Communication) Chips in ihren Smartphones ermöglichen. Damit die Apps funktionieren, müssen Sie Ihre EC- und Kreditkarten-Daten hinterlegen, es entstehen aber für Sie keine Kosten zusätzlich zu der Gebühr, die der Kartenaussteller verlangt. Der Nachteil? Diese mobile Zahlungsweise funktioniert nur an Orten, die auf kontaktlose Zahlung eingestellt sind.

Fantastisches Plastik

Am häufigsten zahlen Reisende mit Kredit- oder EC-Karte. Die Benutzung ist einfach und bei Verlust oder Diebstahl kann man die Karten leicht sperren lassen. Aber informieren Sie Ihre Bank, wenn Sie in ein Land mit vielen Betrugsfällen fahren, damit Ihre Karte nicht gesperrt wird, und lesen Sie regelmäßig Ihre Bankauszüge, um falsche Abbuchungen sofort melden zu können. Achten Sie auch darauf, dass Ihre Karte schuldenfrei ist.

Mit einer Prepaid-Karte vermeidet man Transaktions- und Umtauschgebühren; aufladen können Sie sie von dem Konto, auf das Ihr Kunde einzahlt. Caxton FX (**www.caxtonfx.com**), Revolut (**www.revolut.com**) und FairFX (**www.fairfx.com**) sind Prepaid-Anbieter, aber suchen Sie auch in Ihrem Heimatland nach Anbietern. Um Umtauschgebühren von Einzelhändlern zu vermeiden, zahlen Sie am besten in der Landeswährung auf die Karte ein.

PRAKTISCHE GELD-APPS

★ **XE (www.xe.com)** Die beliebteste Wechselkurs-App bietet Echtzeit-Wechselkurse zwischen allen Devisen und speichert die zuletzt angesehenen Kurse von zehn Ländern, falls Sie nicht online gehen können.

★ **Trabee Pocket (www.trabeepocket.com)** Ein Ausgaben-Tracker, der Sie über Einnahmen und Ausgaben auf dem Laufenden hält und Ihre Kosten in verschiedene Kategorien einteilt – praktisch, um zu sehen, ob Ihr Bier-Budget Ihre Ausgabengrenze sprengt.

★ **Splittr (www.splittr.io)** Für mehrere Reisende, die ihre Kosten teilen und Rechnungen splitten. Außerdem zum Überwachen Ihrer eigenen, nicht geschäftlichen Reisekosten.

★ **WeSwap (www.weswap.com)** Eine Kombination aus App und Prepaid-Karte. WeSwap nutzt Peer-to-Peer-Transfers, um die Kosten für normale Umtauschkanäle zu vermeiden. Es gibt 18 unterstützte Währungen, die Umtauschkosten sind moderat und die Umtauschkurse günstiger als in Wechselbüros. Aber um an sein Geld zu gelangen, muss man sieben Tage warten oder eine Gebühr zahlen.

★ **Starling (www.starlingbank.com)** Diese in Großbritannien ansässige Internet-Bank ist eine Mischung aus Bankkonto und Prepaid-Karte und nimmt keine Gebühren für Auszahlungen mit Bankkarte im Ausland und Kartentransaktionen mit der kontaktlosen MasterCard, die zu jedem Konto gehört.

Geld einnehmen

Als ortsunabhängiger Freelancer muss man sich Gedanken über seine Bezahlung machen. Bankkonten sind meist für eine bestimmte Währung ausgelegt und unterliegen der Rechtsprechung und Steuerregularien eines bestimmten Landes. Wann immer Geld zwischen Banken, Ländern oder Währungen hin und her bewegt wird, fallen Gebühren an, und man ist abhängig von den Umtauschkursen der Bank, von denen meist eher die Bank als der Geldempfänger profitiert.

Durch die Entscheidung, wer die Gebühren und Umtauschkosten bezahlt, werden die Honorarverhandlungen mit internationalen Kunden noch etwas komplizierter. Die meisten Nomaden nehmen die Bankgebühren in Kauf, um die Kunden nicht mit komplizierten Zahlungsmodalitäten abzuschrecken, anstatt eine Gebühr auszuhandeln, die für die zu zahlende Gesamtsumme entschädigt. Es gibt auch andere Bezahlungsmöglichkeiten, aber leider keine gänzlich kostenfreie.

Zahlungen auf ein Bankkonto

Ein Bankkonto vor Ort zu eröffnen, ist für nicht ortsansässige Nomaden eher keine Option. Einfacher ist es, die Kunden über das SWIFT-Netzwerk zahlen zu lassen. Dann fallen Gebühren für internationalen Transfer und für Devisenumtausch an, wenn in anderer Währung gezahlt wird als in der, mit der Ihr Bankkonto operiert.

© 2020, CAFE FLOR, BUENOS AIRES / PH. LARA JUSTET

PayPal

Auf den ersten Blick erscheint PayPal (www.paypal.com) wie die perfekte Lösung für digitale Nomaden. Kunden können von überall einzahlen, man muss in keinem bestimmten Land ansässig sein, und man kann Geld digital transferieren, wo immer in der Welt man ist. Allerdings fallen bei PayPal saftige Gebühren an, meist 2,9 % der transferierten Summe und eine Servicegebühr (so wurde PayPal zu einer sehr profitablen Firma). Und wenn das Kundenkonto und Ihr Konto in verschiedenen Ländern registriert sind, erhöht sich die Gebühr auf 3,9 %. Beim Umtausch von Geld von einer in eine andere Währung nutzt PayPal auch seine eigenen Wechselkurse, sodass von dem transferierten Betrag noch mehr einbehalten wird. Einige Nomaden berichten von einer Gebührenreduzierung beim Vorhandensein eines PayPal-Geschäftskontos und der Nutzung einer Software bei der Rechnungsstellung, die PayPal Business Payments unterstützt, aber diese Option ist nicht für jeden möglich.

© 2020, DOJO BALI

Telegrafische Überweisung

Es gibt Dutzende Firmen, die internationale telegrafische Überweisungen anbieten, bei denen man sein Geld auf ein Bankkonto überweisen lassen oder bar in einem ihrer Büros erhalten kann. Meist sind die Gebühren recht hoch, ein Teil ist in den ungünstigen Wechselkursen versteckt. Büros in aller Welt haben Western Union (www.westernunion.com) und Moneygram (www.moneygram.com), aber weniger Gebühren kostet es, wenn Ihre Kunden an eine reine Online-Bank für telegrafische Überweisungen wie Azimo (www.azimo.com) oder OFX (www.ofx.com) überweisen.

Transferwise

Die Online-Bank Transferwise (www.transferwise.com) spart etwas von den Überweisungskosten ein, weil sie in mehreren Ländern Reservebankkonten hat. Bei einer Überweisung fließt das inländische Geld auf ein Konto, die ausländische Zahlung wird von einem anderen Konto geleistet, sodass kein Geld die Grenze passiert. Gebühren werden trotzdem genommen – beginnend von 0,35 % des Überweisungsbetrags –, aber Kunden können ihre Überweisung schnell online über ein Bankkonto oder mit einer Bankkarte vornehmen. Eine einfache und kostengünstige Option für Kunden und Freelancer.

Digitalwährungen

Wir würden nicht empfehlen, sich seine Rechnungen in einer Währung mit so schwankendem Kurs wie Bitcoin bezahlen zu lassen, auch wenn einige Nomaden das tun. Ganz abgesehen von der Umweltbelastung (das »Schürfen« von Krypto-Währungen verschlingt riesige Mengen Energie) kann der Wert von Währungen wie Bitcoin, Litecoin und Etherum stark schwanken, sodass der Handel damit eher Spekulation als Banking gleicht. Wenn Sie nicht schon Kunde einer Krypto-Währung sind, gibt es einfachere und sicherere Arten, sich bezahlen zu lassen.

Pünktlich bezahlt werden

Freelancer sollten ihre Rechnungen und Zahlungen unbedingt immer auf dem neuesten Stand halten. Zahlung innerhalb von 30 Tagen ist die Norm, aber viele Kunden halten sich nicht daran und brauchen mehrere Mahnungen, bis sie endlich zahlen. Die Kontrolle darüber zu haben, dass Rechnungen sofort geschickt werden und Zahlungen rechtzeitig eingehen, ist genauso wichtig wie Ihre eigentliche Arbeit. Dabei helfen digitale Buchhaltungs-Softwarepakete wie Harvest (www.getharvest.com), Freshbooks (www.freshbooks.com) und Quickbooks (https://quickbooks.intuit.com).

Rechnungskonditionen

Auf Ihren Rechnungen müssen die Zahlungsbedingungen genau aufgeführt sein, darunter der Hinweis, dass innerhalb von 30 Tagen gezahlt werden muss. Bei Geschäften, bei denen Sie schon zu spätes Bezahlen befürchten, informieren Sie auch, dass für jede verspätete Woche ansteigende Zinsen fällig werden. Lassen Sie sich von digitaler Buchhaltungssoftware an fällige Rechnungen erinnern, damit Sie säumigen Kunden umgehend Mahnungen schicken können.

Steuertipps

Unvermeidbar ist der Tod, aber was Steuern angeht, sieht die Sache flexibler aus, egal was die Leute sagen. Wenn man einen großen Teil des Jahres nicht in seinem Heimatland wohnt, kann man sich eventuell für Steuerzwecke als nicht ansässig melden und so Steuerverpflichtungen vermeiden. Einen Einblick in die Steuersysteme verschiedener Länder gibt das Handbuch »The Worldwide Personal Tax & Immigration Guide«.

Personensteuer versus Körperschaftssteuer
Wichtig ist zunächst einmal der Unterschied zwischen Personensteuer (gezahlt von Individuen nach Verdiensten in ihrem Heimatland) und Körperschaftssteuer (gezahlt von Firmen auf Profite in dem Land, in dem die Firma registriert ist). Es ist möglich, in einem Land unter einem Steuerrecht Steuern zu zahlen, und in einem anderen unter einem anderen Steuerrecht Körperschaftssteuer. Einige Nomaden vermeiden Steuern ganz, indem sie in ihrem Heimatland Nichtansässiger werden und herumziehen, ohne je irgendwo ansässig zu werden. Das ist eine rechtliche Grauzone, ungeeignet für diejenigen, die sich mit dieser Art Steuervermeidung nicht wohlfühlen. Aber die meisten Nomaden zahlen ihre Steuern zu Hause oder in Ländern, in denen sie zeitweise residieren – und sei es nur, um Fragen der Steuerbehörde zu vermeiden, wenn sie irgendwann heimkehren.

Nichtansässiger werden
Um Nichtansässiger zu werden, muss man sich für eine lange Zeit im Ausland aufhalten – von 183 bis 349 Tagen im Jahr (je nach Landesgesetz). Als Erstes sollte man die Steuerbehörde informieren, denn wenn Ihr Status offiziell ist, werden Sie einfacher wieder eingegliedert, falls Sie in Zukunft wieder zu Hause arbeiten möchten.

Steuerflüchtiger werden
Moralisch fragwürdig, aber manche Vielverdiener umgehen Steuern, indem sie Anwohner eines anderen Landes mit niedrigen (oder gar keinen) Steuern werden. Manche Steueroasen bieten gegen Gebühr zeitlich begrenzte Residenz an. Andere haben Residenzregeln, bei denen man keine Steuern auf außerhalb des Landes verdientes Geld zahlen muss. Für solche Praxis braucht man einen Buchhalter mit besonderen Kenntnissen.

© AMNARTK / SHUTTERSTOCK

Eine Firma gründen

Da Firmen und Angestellte separat besteuert werden, kann man seine Steuern reduzieren, indem man eine Firma gründet und sich selbst ein Gehalt (oder eine Dividende) zahlt. Die Firma muss dann Körperschaftssteuern zahlen, aber nur auf Profite nach Abzug aller Kosten. Das Gehalt oder die Dividende müssen versteuert werden, können aber bis zu einer bestimmten Höhe steuerfrei sein. Eine Alternative ist die Gründung eines Einzelunternehmens. Dann zahlt man nur Steuern auf Profite nach Abzug der Geschäftskosten. Aber Firmen- und persönliche Gelder sind dann verschmolzen, falls das Geschäft Schulden hat oder Pleite macht, sind Sie persönlich haftbar. Um eine Firma zu gründen, muss man den Namen registrieren lassen und jährliche Abschlüsse einreichen. Unter Estlands E-Residency-System (www.e.resident.gov.ee) können Nichtansässige ein Geschäft zusammen mit einem inländischen Konto eröffnen und brauchen nur Körperschaftssteuern auf als Dividende ausgeschüttete Profite zu zahlen.

© 2020, DOJO BALI

TOP TIPP

»Als Individuum (es sei denn, man ist US-Bürger) zahlt man in jedem Land Steuern, in dem man mehr als 183 Tage im Jahr verbringt, aber man kann das verhindern, indem man permanenter Reisender wird. Man muss für seine Firma einen sicheren Hafen finden, der versteht, dass man Reisender ist.«

Ignacio Carvajal, Digitalunternehmer und Direktor, www.micropreneur.life

Steuern zahlen unterwegs

Als Einzelunternehmer oder Angestellter der eigenen Firma muss man Einkommenssteuer in dem Land zahlen, in dem man ansässig ist. Wenn man jedoch nirgends ansässig ist, unterliegt man auch nirgends der Steuerpflicht. Auch wenn man in einem bestimmten Land ansässig wird, kann man Steuern auf außerhalb des Landes erworbenes Einkommen umgehen, wenn man weniger als 183 Tage dort bleibt. Allerdings sind in einigen Ländern die Steuerbehörden sehr effektiv darin, Bürger über die Grenzen hinweg aufzuspüren. US-Bürger unterliegen zum Beispiel mit wenigen komplizierten Ausnahmen bestimmten Steuerarten, wo auch immer in der Welt sie sich aufhalten, solange sie einen Pass der USA haben.

Seine Bücher in Ordnung halten

Wie Sie Ihre Steuern auch handhaben, Sie müssen den Überblick über Rechnungen, Zahlungseingänge und Kosten behalten. So können Sie Ein- und Ausgänge kontrollieren, und auf jeden Fall brauchen Sie diese Informationen, um eine Steuerrückzahlung zu beantragen. Diesen Stress erspart man sich durch das Einstellen eines Finanzbuchhalters. Erledigen Sie Ihre Finanzverwaltung selbst, können Ihnen digitale Buchhaltungspakete helfen. Mit Freshbooks (www.freshbooks.com), Harvest (www.getharvest.com) und Quickbooks (https://quickbooks.intuit.com) behält man den Überblick über Kosten und Rechnungen, und in einem Cloud-basierten Archiv wie Evernote (www.evernote.com) kann man Scans seiner Quittungen sichern, dann sind sie für den Jahresabschluss zur Hand.

Visa und Dokumente

Das traditionelle Modell des digitalen Nomaden basiert auf einer Art rechtlichem Schlupfloch. In den meisten Ländern gibt es strenge Regeln, wer das Land besuchen und wer dort arbeiten darf, aber die große Mehrheit der digitalen Nomaden reist mit Touristenvisum und umgeht so die Regeln für Arbeit im Ausland.

MIT EINEM TOURISTENVISUM ARBEITEN

In der Theorie gelten Touristenvisa nur für Urlaub, und jeder, der im Ausland arbeitet, braucht ein Arbeitsvisum. Wer mit einem Touristenvisum im Ausland für eine Firma arbeitet, muss mit hohen Strafen rechnen. Die meisten digitalen Nomaden arbeiten jedoch für Firmen außerhalb des Landes, in dem sie sich befinden, daher ist es unwahrscheinlich, dass die Behörden das überhaupt bemerken.

Das bedeutet, dass die Arbeit der meisten digitalen Nomaden in einer rechtlichen Grauzone stattfindet. Die Immigrationsregeln sollen die Einheimischen vor Konkurrenz schützen und dafür sorgen, dass arbeitende Reisende ihre Steuern zahlen. Wenn die Behörden entdecken, dass man gegen die Regeln verstößt, kann man ausgewiesen und auf eine schwarze Liste gesetzt werden. Aber das Risiko ist gering, es sei denn, man meldet sich als ansässig. In diesem Fall muss man wie die Einheimischen Steuern zahlen.

BEDINGUNGEN BEI TOURISTENVISA

Im Allgemeinen sollen Touristenvisa es den Reisenden leicht machen, das Land zu besuchen, daher gibt es bei ihnen kaum Einschränkungen. Viele Länder bieten Visa bei der Einreise an, oft kostenlos, und bei einigen können Touristen sogar ohne Visum einreisen. Die meisten Länder verlangen eine sechsmonatige Gültigkeitsdauer des Reisepasses ab dem Einreisedatum; achten Sie also darauf, dass Ihr Pass noch mindestens sechs Monate gültig ist. Angaben, für welche Länder man ein Visum braucht, findet man auf der Website Visa List (www.visalist.io). Für Details kontaktieren Sie die Botschaft des Landes, in das Sie fahren wollen.

© 2020, CAFE FLOR, BUENOS AIRES / PH. LARA JUSTET

© NICK FOX / SHUTTERSTOCK

TICKETS FÜR DIE WEITERREISE

Manchmal wollen Grenzbeamte ein Ticket für die Weiterreise sehen, als Nachweis dafür, dass man das Land auch wieder verlassen will. Deswegen reisen einige mit Hin- und Rückflugticket ein, nutzen den Rückflug aber nie. Andere kaufen billige Flug- oder Fährentickets zu einem nahe gelegenen anderen Land und stornieren es für eine Rückerstattung, sobald sie eingereist sind. Auf der US-Website Expedia (www.expedia.com) kann man innerhalb von 24 Stunden kostenfrei stornieren.

Tickets mit Photoshop zu fälschen (tun manche wirklich!) empfiehlt sich nicht, und auch nicht das Benutzen von Websites, die überzeugende gefälschte Tickets anbieten. Aber auf Seiten wie Best Onward Ticket (**www.bestonwardticket.com**) und One Way Fly (**www.onewayfly.com**) kann man Tickets für kurze Zeit von Reiseagenturen »leihen« – was beweist: Wo ein Wille ist, ist auch ein Weg.

© 2020, THE HOUSE, LAS PALMAS

Arbeitsfreundliche Visa

Nicht für alle Länder braucht man ein Visum, um legal dort zu arbeiten. Bürger der EU oder des Europäischen Wirtschaftsraums können sich innerhalb der Zone frei bewegen und mit wenigen Einschränkungen auch arbeiten. Bleiben sie länger als sechs Monate, müssen sie sich bei den Behörden im Land registrieren lassen und erhalten einen Status als Ansässige. Spezielle Visa für digitale Nomaden, mit denen man eine kurze Zeit arbeiten darf, beseitigen all diese Unsicherheiten.

Australian Working Holiday

https://immi.homeaffairs.gov.au/visas/getting-a-visa/visa-listing/work-holiday-417

Das Programm Australian Working Holiday erlaubt 18- bis 30-Jährigen, ein Jahr ohne Beschränkungen im Land zu arbeiten, auch für ortsansässige Firmen – oder sogar zwei Jahre, wenn man bereit ist, drei Monate lang im ländlichen Australien zu arbeiten. Franzosen, Iren und Kanadier können das Programm nutzen, bis sie 35 sind; sie dürfen sogar noch ein drittes Jahr anhängen, wenn sie bereit sind, im zweiten Jahr sechs Monate ländliche Arbeit zu übernehmen. Eigentlich nicht für digitale Nomaden gemacht, eröffnet das Programm doch die Möglichkeit, während des Herumreisens in Asien eine Zeitlang in Australien zu arbeiten.

© 2020, PUNSPACE, CHIANG MAI

© 2020, THE HOUSE, LAS PALMAS

Thailands Hand-to-Hand Combat Visa

www.mfa.go.th/main/en/services

Tausende digitale Nomaden arbeiten mit Touristenvisa in Thailand, aber dies erlaubt nur einen Aufenthalt von drei bis sechs Monaten. Um ein ganzes Jahr zu bleiben, kann man sich für ein Jahr für ein Training an der Akademie Chiang Mai muay thai (Thai-Boxen) einschreiben. Das Training kann auf vier Stunden pro Woche begrenzt werden, und man braucht nicht mehr für ein neues Visum in ein Nachbarland zu fahren. Allerdings beträgt die Kursgebühr 35.000 thailändische Baht, das sind rund 1000 Euro.

© 2020, DOJO BALI

Rentista Visa für Costa Rica

www.migracion.go.cr/Paginas/Visas

Costa Rica hat eine besondere Visumskategorie für Besucher, die nachweisen können, dass sie über einen Zeitraum von zwei Jahren ein monatliches Einkommen von 2500 US-Dollar haben. Eigentümer eines Visums können unabhängig arbeiten und sogar ein Geschäft eröffnen, dürfen aber nicht als Angestellter einer costaricanischen Firma tätig sein. Der Nachweis dieser gesparten Summe dürfte allerdings den meisten schwer fallen.

Mexico Residente Temporal Visa

www.gob.mx/tramites/ficha/visa-de-residencia-temporal/SRE260

Das Residente Temporal Visa ist ein einjähriges Einreisevisum, mit dem man aus- und wieder einreisen kann. Man kann damit für ausländische Kunden arbeiten, nicht jedoch für mexikanische Firmen. Das Visum kann bis zu vier Jahre verlängert werden. Bedingungen sind der Nachweis eines regelmäßigen monatlichen Einkommens (je nach Ausgabestelle von 1600 bis zu 2500 US-Dollar) für mindestens sechs Monate und die Teilnahme an einem Interview in einer mexikanischen Botschaft vor der Reise.

Visum für Freiberufler und Selbstständige

https://service.berlin.de/dienstleistung/305249

Freelancer und Selbstständige, die in Deutschland für Deutsche arbeiten, können ein spezielles Visum bekommen. Der Vorteil für viele Nicht-EU-Bürger ist, dass sie in Deutschland als Tourist ohne Visum einreisen und sich später bei der Ausländerbehörde um das Visum bewerben können. Bedingungen für den Erhalt sind unter anderem eine feste Adresse in Deutschland und Arbeit in einem anerkannten Freelance-Business.

Estonia Digital Nomad Visa

Estland hat Pläne für ein neues Visum für digitale Nomaden angekündigt, mit dem diese bis zu einem Jahr im Land arbeiten dürfen. Ein zusätzlicher Pluspunkt ist die visafreie Reisemöglichkeit innerhalb des Schengen-Raums. Das ist ein Anreiz, um in dem Land seine Zelte aufzuschlagen, das das Magazin Wire als das digital fortschrittlichste der Welt bezeichnet. In Estland gibt es auch ein e-Residency-Programm (www.e-resident.gov.ee), das Unternehmern gestattet, hier aus dem Ausland Online-Firmen anzumelden. Und es gibt ein spezielles Visum für Eigentümer von Start-ups (www.startupestonia.ee).

VISA RUN

Mit einem normalen Touristenvisum zu reisen, kann Probleme bereiten. Die meisten gelten zwischen einem und drei Monaten, und offiziell darf man damit in einem Land nicht arbeiten. Ähnliche Regeln gelten für eine visafreie Einreise, für die man eventuell nachweisen muss, dass man genug Geld für den Aufenthalt hat oder ein Flugticket für den Weiterflug. All dies steht dem freien und ungebundenen Leben im Weg, für das Sie sich entschieden haben.

Die Grenze überqueren
In bei digitalen Nomaden beliebten Ländern ist es oft egal, wie lange man am Ende seines Aufenthalts außer Landes bleibt, solange man das Land überhaupt verlässt. Daher reisen viele Nomaden alle paar Monate ins Nachbarland aus und gleich darauf wieder ein (Visa Run). Bisher haben bei dieser offensichtlichen Regelbeugung die Behörden meist ein Auge zugedrückt; doch die wachsende Menge digitaler Nomaden, die zum Beispiel in Zentren wie Thailand die Grenzen immer wieder in die eine und dann die andere Richtung überqueren, lässt die Akzeptanz dieser Praxis bei den Behörden schwinden. Damit man nicht aus seinem gewählten Ort ausgeschlossen bleibt (wo man womöglich noch Rechnungen bezahlen muss), sollte man nicht jedes Mal dieselbe Grenze überqueren. So kann man auch mehrere Nachbarländer entdecken, ob nun über Land, übers Meer oder mit dem Flugzeug!

TOP TIPP

»Wenn man irgendwo länger bleiben möchte, als es das normale Touristenvisum erlaubt, muss man sich vorher über die Regeln informieren. In einigen Ländern kann man ein Touristenvisum verlängern, aber häufig gibt es dafür Bedingungen. Einfach länger bleiben sollte man nicht – die Geldstrafe bei der Ausreise mag gering sein, aber eine zukünftige Einreise in das Land könnte schwer werden.«

Joe Bindloss, Reiseautor

Der Schengen-Raum
Einige Länder haben weniger dehnbare Visaregeln. Ausländer, die in ein zum Schengen-Raum gehörendes EU-Land einreisen, dürfen sich innerhalb einer Periode von 180 Tagen 90 Tage visumfrei innerhalb des Schengen-Raums bewegen. Dazu gehören 26 Länder, sodass zum Beispiel eine Reise von Estland nach Finnland weiterhin zu den 90 Tagen zählt. Sind die 90 Tage vorbei, muss man den Schengen-Raum vor einer erneuten Einreise für mehrere Monate verlassen. Die EU-Staaten Bulgarien, Kroatien, Zypern und Rumänien gehören nicht zum Schengen-Raum, mit einer Einreise in einen dieser Staaten kann man seinen Aufenthalt in Europa also verlängern.

REISE-VERSICHER-UNG

In einer perfekten Welt würde jede Reise so glatt verlaufen, wie ein Schluck Whiskey die Kehle hinunterläuft. In der tatsächlichen Welt passieren dauernd Pannen, daher müssen Nomaden vorbereitet sein. Man kann krank werden. Man kann seine Brieftasche verlieren. Der Laptop mit allen Arbeitsdateien könnte gestohlen werden. Daher ist für alle im Ausland Arbeitenden eine Reiseversicherung unerlässlich für den inneren Frieden.

Ihre Versicherung sollte auf jeden Fall die medizinische Versorgung und den Rücktransport im Fall eines Notfalls oder einer Naturkatastrophe abdecken. Haben Sie die Hotline-Nummer parat, vielleicht kann die Versicherung medizinische Einrichtungen empfehlen oder beim Umgang mit Ersatzansprüchen beraten.

Umfassende medizinische Deckung

Einige Reiseziele haben vielleicht eine gegenseitige Gesundheitsvereinbarung mit Ihrem Heimatland (führen Sie alles mit, um Ihre Berechtigung nachzuweisen), aber in den meisten Ländern muss man eine eventuelle Behandlung sofort bezahlen. Schließen Sie eine Reiseversicherung ab, die im Notfall alle medizinischen Kosten übernimmt, und informieren Sie sich, ob die Kosten direkt bezahlt werden oder Sie das Geld vorstrecken und später zurückfordern müssen.

Sorry, das übernehmen wir nicht

Eine Reiseversicherung deckt die meisten Probleme im Ausland ab, aber informieren Sie sich über die Ausnahmen. Die meisten Policen beinhalten keine Ansprüche, wenn Ihre Fluglinie Pleite macht, und viele Versicherer schließen Länder aus, für die eine Reisewarnung ausgesprochen wurde. Überprüfen Sie die aktuellen Reisewarnungen vom Auswärtigen Amt.

Was ist mit meinen Geräten?

Als digitaler Nomade haben Sie höchstwahrscheinlich teure Technik dabei. Ihre Versicherung sollte die kompletten Ersatzkosten teurer Gegenstände wie Laptops, Kameras und Handys übernehmen. Sehr wertvolle Dinge müssen vielleicht in der Police gesondert aufgeführt sein.

Was ist mit Freizeit?

Das Leben besteht nicht nur aus Arbeit. Ihre Reiseversicherung sollte daher auch andere Aktivitäten einschließen, die Sie auf Ihrer Reise planen; häufig sind jedoch Abenteuersport oder riskante Aktivitäten ausgeschlossen. Beim Mieten eines Autos sollte die Versicherung Schäden einschließen, die am Auto entstehen, und medizinische Kosten und Schäden bei einem Unfall.

Nomadenfreundliche Reiseversicherung

Manche Versicherungspolicen sind nur gültig, wenn man in dem Land ansässig ist, in dem die ausstellende Firma ihren Sitz hat. Andere decken nur Reisen von maximal 30, 60 oder 90 Tagen ab. Suchen Sie nach nomadenfreundlichen Versicherungen wie Safety Wing (www.safetywing.com), World Nomads (www.worldnomads.com) und True Traveller (www.truetraveller.com). Lesen Sie immer das Kleingedruckte. Einige Policen begrenzen, wie oft Sie in der versicherten Periode nach Hause zurückkehren dürfen.

DIE FÜNFZEHN WICHTIGSTEN DINGE AUF REISEN

Einige technische Sachen kann man fast überall kaufen, andere nicht mal für viel Geld. Hier ist eine Liste von Dingen, die man auf jeden Fall dabeihaben sollte.

★

Universeller Reiseadapter (oder mehrere) – vor Ort hergestellte Adapter wackeln oft.

★

Überspannungsschutz – das Allerletzte wäre eine Überspannung, die all Ihre Technik mit einem Mal verbrutzelt.

★

Mehrfachstecker oder Mehrfachsteckdose – falls Ihr Zimmer nur eine Steckdose hat.

★

Externe Festplatte, USB-Stick oder Speicherkarte für Sicherheits-Backups.

★

1 m Ethernet-Kabel – Co-Working-Spaces sollten sie haben, aber ein eigenes schadet nicht.

★

Reserve-USB-Kabel – mit den richtigen Anschlüssen, falls Kabel brechen.

★

Reserve-Stromversorgung für den Laptop – ein Ladegerät für einen bestimmten Laptop zu finden, kann überraschend schwierig sein.

★

Geschlossene Kopfhörer – sofortige Ruhe im Meeting-Raum, wann immer Sie sie brauchen.

★

Powerbank – um Handy oder Tablet am Leben zu erhalten, wenn Sie keine Steckdose finden.

★

Entsperrtes Sicherheitstelefon – sogar ein Handy, mit dem nur telefoniert werden kann, kann Ihr Geschäft zur Not am Laufen halten.

★

Kopfhörer mit Mikrofon – für Skype und WhatsApp-Telefonate unterwegs.

★

Externe Maus – wenn Ihr Touchpad den Bach runter geht, muss Ihr Geschäft das noch lange nicht.

★

Faltbare Tastatur – vielleicht nicht für jeden Tag, aber manchmal sehr nützlich.

★

Tragbarer Laptop-Ständer – man will ja nicht, dass die Personalabteilung einen per E-Mail an seine Körperhaltung erinnert.

★

Universelles Speicherkartenlesegerät – um Fotos von der Kamerakarte und Daten von Speicherkarten zu übertragen.

Techniktipps

Drei Erfindungen ermöglichen das Leben als digitaler Nomade: Laptop, Handy und Internet. Mit dieser lebensverändernden Technik kann man sein Business mit auf die Reise nehmen und mit einer Internetverbindung von fast überall arbeiten. Daher sollte man gut überlegen, welche Technik man mitnimmt.

Mac oder Windows?

Jeder Internetnutzer muss einige Entscheidungen zwischen zwei Optionen treffen. Beatles- oder Stones-Fan? Katzen- oder Hundeliebhaber? Apple oder Microsoft? Apple hat eine lange Geschichte von Pioniertechnik und tollem Design mit seinen schlanken, silbernen Geräten, die zum Standard in Verlagen und bei Fotografie und Videografie geworden sind. Anhänger schwören, dass Apple-Produkte besser aussehen und besser arbeiten, aber sie kosten auch mehr als die Alternativen. Und in einigen Ländern ist es für reisende digitale Nomaden nicht leicht, Teile und Support zu finden.

Mit Microsoft laufende Laptops sind billiger, oft leichter, und man findet fast überall in der Welt Teile dafür. Standard sind sie für Spiele und Coding, obwohl viele Developer anstatt mit der Windows-Umgebung mit alternativen Systemen wie Linux arbeiten. Wofür Sie sich entscheiden, hängt von Ihrem Geldbeutel und Ihrer persönlichen Vorliebe ab, und davon, wofür Sie Laptop und Handy benutzen.

Viele Nomaden entscheiden sich für Microsoft-Geräte, einfach weil sie billiger sind, leichter zu reparieren oder zu ersetzen und ein nicht so großer Magnet für Diebe – was einen Gedanken wert ist, wenn das ganze Arbeitsleben vom eigenen Laptop abhängt.

© 2020, SRPING HUB, TALLINN

Smartes Smartphone

Bei Handys konkurrieren Apples iOS und Googles Android, beide bieten eine große Menge an Apps und gute Synchronisation zwischen Handy und Laptop.

© 2020, THE HIVE, SINGAPORE

TIPPS FÜR UNTERWEGS

- ★ Wenn Sie Ihre Technik nicht benutzen, verwahren Sie sie außer Sicht.
- ★ Lassen Sie Handy oder Laptop im Café oder im Co-Working-Space niemals unbeaufsichtigt liegen.
- ★ Tragen Sie Ihren Laptop in einer normalen Tasche mit sich, nicht in einer Laptop-Tasche mit Firmenzeichen.
- ★ Verstauen Sie Ihr Handy niemals in der Gesäßtasche.
- ★ Schließen Sie Ihre Tasche immer, und halten Sie sie in Menschenmengen vor sich.
- ★ Beim Laufen mit dem Handy zu telefonieren, ist eine Einladung für Blitzdiebe.
- ★ Laufen Sie in der Dunkelheit nicht mit teuren Geräten umher.
- ★ Achten Sie ganz besonders auf Ihre Sachen, wenn Sie getrunken haben.

Wichtiger ist, ob das Handy mit SIM-Karten vor Ort funktioniert, um teure Roaming- und Datenkosten zu vermeiden. Ideal für den digitalen Nomaden ist ein Handy, das an kein bestimmtes Netz gebunden und mit Dual-SIM ausgerüstet ist. So können Sie Ihre Nummer aktiv lassen und unterwegs lokale SIM-Karten benutzen.

Die Technik schützen

Das Schlimmste, was einem digitalen Nomaden passieren kann (außer Haifischattacken und Vulkanausbrüchen), ist der Verlust des Laptops. Auch wenn die Arbeit in der Cloud gesichert ist, kann der Verlust des wichtigsten Arbeitswerkzeugs das Geschäft empfindlich behindern. Schließen Sie immer eine Versicherung ab, die einen Ersatz oder eine Reparatur deckt. Und speichern Sie Ihre Handy-Kontakte in der Cloud, auch die Hotline-Nummer der Versicherung, Seriennummern wichtiger Software und Einzelheiten der hochwertigen Geräte, die Sie dabeihaben.

Die Versicherung kann die gestohlenen, verloren gegangenen oder von einem Elefanten zertrampelten Geräte ersetzen, aber sie kann Ihre Dateien nicht ersetzen, machen Sie also immer Backups. Synchronisieren Sie regelmäßig Handy und Laptop oder Cloud, machen Sie tägliche Backups vom Laptop und bewahren Sie externe Speichergeräte separat von dem Gerät auf, an dem Sie arbeiten. Beim Fliegen nehmen Sie Ihre Technik im Handgepäck mit, anstatt zu hoffen, dass es im Laderaum sicher ist und ankommt.

Backup

Neben der Arbeitsplatz-Technik braucht man ein System, mit dem man seine wertvollen Daten sichern kann, falls Handy oder Laptop eine Katastrophe ereilt. Standardmäßig sichern viele Benutzer ihre Daten in der Cloud, wo sie auf sicheren Servern in riesigen, über die Welt verteilten Datenzentren gelagert werden. Viele Handys sichern die Daten standardmäßig in der Cloud, und Tausende Nomaden verlassen sich auf kostenfreie

ONLINE-SICHERHEITS-TIPPS

- ★ PIN oder Passwort zum Sperren von Handy und Laptop einrichten, falls man sie ein paar Minuten aus den Augen lässt.
- ★ Sichere Passwörter bestehen aus kleinen und großen Buchstaben und Zahlen.
- ★ Passwörter regelmäßig verändern und nicht das gleiche für verschiedene Seiten benutzen.
- ★ Wenn möglich, biometrische Sicherheitschecks verwenden (z. B. Fingerabdruck-Login).
- ★ Auto Connect abschalten, um unsicheres WLAN zu vermeiden.
- ★ Blue Tooth und WLAN abschalten, wenn man es nicht benutzt.
- ★ Zwei-Faktor-Authentifizierung und -verifikation nutzen, um sensible Accounts zu schützen.
- ★ Vor dem Einloggen bestätigen, welches das richtige Netzwerk ist – Betrüger richten oft Netzwerke mit ähnlich klingenden Namen ein, um Opfer anzulocken.
- ★ Automatisches File-Sharing außer Kraft setzen, wenn nicht wirklich mit jemandem geteilt werden soll.
- ★ Tracking Apps downloaden und für Ihre Geräte aktivieren.

Cloud-Speicherung wie die von Google Drive (www.coogle.com/drive) und Dropbox (www.dropbox.com).

Der Nachteil ist, dass man zum Abrufen der Daten eine Netzverbindung braucht. Und das kann in Ländern, in denen schon mal der Strom ausfällt, zum Problem werden. Eine Alternative sind externe Speichermedien – tragbare Festplatten, USB-Sticks oder Memory Cards –, aber diese muss man auch vor Diebstahl und Beschädigung schützen. In der Praxis nutzen die meisten Nomaden von beidem etwas.

Der Software-Dschungel

Manche schwören auf teure Software wie InDesign, Photoshop und Premiere Pro, aber für Nomaden mit knappem Budget gibt es billigere oder kostenlose Alternativen. Die meisten von Photoshops eindrucksvollen Funktionen hat auch die freie Open-Source-App Gimp (www.gimp.org), und die einst unanfechtbare, von Microsoft Office gehaltene Position wurde von freien Online-Apps wie Google Docs (https://docs.google.com) unterminiert. Mit ein bisschen Online-Suche kann man seinen Laptop mit einer ganzen Reihe nützlicher Apps ausstatten, ohne jemals teure Software-Lizenzen kaufen zu müssen.

TECHNIK-SICHER REISEN

In der vernetzten Welt von heute müssen Diebe keinen Laptop klauen, um Adressbücher, Geld und Identitäten zu stehlen. Öffentliche WLAN-Verbindungen sind wegen der unsicheren Natur der WPA2-Verschlüsselung besonders anfällig für Missbrauch, daher ist Cyber-Sicherheit für Nomaden essenziell. Wenn man von unterwegs digital Geschäfte macht, teilt man sensible finanzielle Informationen, an die Cyber-Diebe nur allzu gern gelangen.

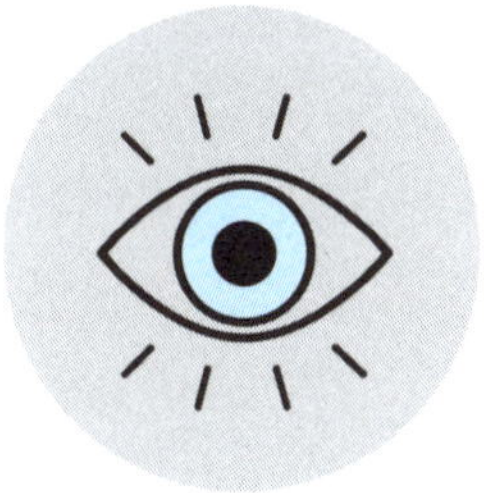

Virtuell sicher sein

Die meisten Nomaden schützen ihre Kommunikation mit einem Virtual Private Network (VPN), das den über öffentliche Netzwerke gesendeten Daten extra Sicherheit und Verschlüsselungen hinzufügt. Software-Provider wie Express VPN (www.rxpressvpn.com) und Nord VPN (www.nordvpn.com) bieten ein kostenpflichtiges Network, das die Daten sicherer macht und das Umgehen örtlicher Website-Sperren gestattet, sodass man Zugang zur vollen Breite des Webs hat. Auch in den BBC iPlayer oder in Amazon Prime kann man sich damit von überall einloggen.

Keinen Bug einfangen

Anti-Virus-Software ist ein weiteres Muss für arbeitende digitale Nomaden, gehen Sie also sicher, dass Sie den allerneuesten Schutz haben, und glauben Sie nicht, dass Macs keinen Virus bekommen – diesen Glauben haben schon viele teuer bezahlt. Updaten Sie Ihre Software, sobald es eine neue Version gibt; viele Updates sind nur der letzte Schritt in dem ständigen Wettrüsten zwischen Software-Produzenten und Hackern.

Sein Business gründen

Okay, nun sind Sie also digitaler Nomade in der perfekten Nomadenstadt mit dem perfekten Co-Working-Space. Jetzt lehnen Sie sich zurück und warten auf Arbeitsangebote, oder? Besser nicht!

Als reisender Geschäftsmann hat man kein Schaufenster, um vorbeilaufende Fußgänger anzulocken, also muss man seine Dienste online anbieten. Im Internet finden Sie neue Kunden und neue Kunden finden Sie, also müssen Sie dort Ihre Fähigkeiten an zahlungswillige Menschen verkaufen. Nur ist das Internet leider vollgestopft mit Online-Geschäften, die um den vorbeiziehenden Traffic konkurrieren. Um sich von der großen Masse abzuheben, müssen Sie auf diesem überfüllten Marktplatz eine Nische finden.

Einen Blog einrichten

Ein Blog ist ein Ort, an dem man neuen Content einbringt, eine einzigartige Marke kreiert und (hoffentlich) eine Menge Follower sammelt, die regelmäßig wiederkommen, um die neuesten Posts zu lesen. Dieser Traffic hilft, Werbeplatz zu verkaufen und Geld aus den Posts zu ziehen. Einige Blogger können ihr ganzes Nomadenleben durch ihren Blog finanzieren. Duplizieren Sie aber den Content nicht auf die Website, weil Suchmaschinen so genannten Duplicate Content abstrafen könnten.

TOP TIPP

»Als ich mit dem Schreiben begann, musste ich jedem Projekt hinterherjagen, aber als ich dann Arbeiten präsentieren konnte, mit einem Fokus auf Indien und Südasien, erwies sich meine Website als immer nützlicher. Schon bald mailten mir Leute, die meine Reiseführer und Artikel gelesen hatten, und boten mir Aufträge an, ohne dass ich noch selbst akquirieren musste.«

Joe Bindloss, Reiseautor, www.bindloss.co.uk

Eine Website aufbauen

Websites und Blogs können verschiedene Zwecke haben und auf unterschiedliche Verdienstmöglichkeiten abzielen, daher haben viele beides. Die häufigste »Das-ist-meine-Firma«-Website ist wie ein Online-Lebenslauf – man beschreibt kurz seine bisherigen Projekte und sendet die Seite an Kunden, die ein Portfolio sehen wollen. Man braucht eine prägnante erste Seite, eine Portfolio-Seite mit vergangenen Projekten, eine leicht zu navigierende Hierarchie, die Zeitverschwendung vermeidet, und eine Kontaktseite mit direkter Kontaktmöglichkeit und Links zu den LinkedIn- und Social-Media-Profilen.

Ein Firmenprofil schaffen

Sogar als einzelner Reisender mit einem Laptop sind Sie eine Firma und möchten, dass die Leute Ihren Namen behalten und ihn mit den hervorragenden Leistungen in Verbindung bringen, die Sie anbieten. Manche wählen einen knackigen Nomadennamen, der auf Themen anspielt, die die Leute mit dem Lifestyle assoziieren. Andere nehmen ihren richtigen Namen oder einen geschäftsmäßigen Firmennamen, oft mit fehlenden Buchstaben – oder sollte es Buchstbn heißen –, um eine Assoziation zur digitalen Revolution herzustellen.

Auch hier ist die goldene Regel, eine Nische zu finden. Wenn Sie Coding verkaufen, sollten Firmenname, Website und Blog sich auch darum

© MASKOT / GETTY IMAGES

drehen und nicht Coding, Hunde-Sitting und Interior Design unter einen Hut bringen. Wenn Sie verschiedene Bereiche anbieten, kreieren Sie verschiedene Firmennamen und Websites, die jeweils einen speziellen Markt ansprechen.

Werben

Haben Sie eine Marke geschaffen, müssen die Leute sie kennenlernen. Verbreiten Sie sie über LinkedIn (www.linkedin.com), Social Media, Geschäftsforen und auch über traditionelle, bezahlte Werbung. Mit einem Blog können Sie Ihren Ruf als Experte ausbauen, durch das Teilen von Posts auf Twitter, Facebook und anderen Plattformen und Beiträge zu Threads auf speziellen Geschäftsseiten können Sie die Trommel rühren.

Netzwerken

Jedes Geschäft braucht ein Netzwerk, und digitale Nomaden sind in der bevorzugten Situation, mit anderen Freiberuflern, Start-up-Eigentümern und digitalen Unternehmern in Kontakt zu kommen, um ihr Profil zu entwickeln, Ideen auszutauschen und neue Gelegenheiten zu schaffen. Viele neue Verbindungen ergeben sich persönlich in Co-Working-Spaces, aber auch auf speziellen Online-Foren und Facebook-Gruppen für digitale Nomaden. Denken Sie an das uralte Prinzip »Eine Hand wäscht die andere« – die Leute teilen Ihren Content und Ihre Posts eher, wenn Sie auch ihre teilen. Reden Sie mit Ihrer Netzwerk-Gemeinde darüber, wie Sie sich gegenseitig wachsen helfen können. So dreht die Geschäftswelt sich weiter.

WIE SIE AN JOBS KOMMEN

Freelancer finden Jobs, indem sie online danach suchen und selbst Initiative zeigen. Gehen Sie auf Jobseiten für Freiberufler und ortsunabhängig Arbeitende, und verwenden Sie verschiedene Suchbegriffe für Jobs in Ihrem Spezialbereich, suchen Sie zum Beispiel »Office Support« und »Virtual Assistant«. Gehen Sie auf LinkedIn (www.linkedin.com); stellen Sie das Arbeiten als Freelancer in Ihrem Profil heraus, kontaktieren Sie potenzielle Kunden und stellen Sie Verbindungen zu Menschen in Ihrem Geschäftszweig her, die Ihre Fähigkeiten brauchen könnten.

Warten Sie nicht, bis jemand eine Anzeige »Freelancer gesucht« postet. Wenn es eine Firma gibt, für die Sie arbeiten möchten, bieten Sie Ihre Dienste an. Senden Sie Ihre Unterlagen unbedingt an die zuständige Person, und zwar so, dass man auf Sie aufmerksam wird, und betonen Sie all die tollen Dinge, die Sie tun können, um die Firma voranzubringen (ergänzt durch Beispiele vergangener Arbeit). Hier sind ein paar der größten Arbeitsseiten für Freelancer und ortsunabhängig Arbeitende:

★ **CareerBuilder** www.careerbuilder.com
★ **Freelancer** www.freelancer.com
★ **Indeed** www.indeed.com
★ **Flexjobs** www.flexjobs.com
★ **Fiverr** www.fiverr.com
★ **Monster** www.monster.com
★ **People Per Hour** www.peopleperhour.com
★ **Reed** www.reedglobal.com
★ **Remote** www.remote.com
★ **Upwork** www.upwork.com
★ **We Work Remotely** www.weworkremotely.com

UNTERWEGS

Ankunft am Zielort

An einem unbekannten Ziel zum ersten Mal aus dem Flugzeug zu steigen, ist ein unvergleichliches Erlebnis. Die Luft, das Licht, der Klang der fremden Sprache. Die Art, wie die Menschen sich kleiden. Der Geruch des Kerosins, wenn man das Flugzeug verlässt. Aufgeregtheit pulsiert durch die Adern und man ist bereit, einzutauchen und sein digitales Leben zum Erfolg zu machen.

Die Verführung ist groß, sich ein paar freie Tage zu gönnen, um sich an all das Neue zu gewöhnen, aber leicht werden aus diesen »paar Tagen« ein paar Wochen, und der Aufenthalt wird zu einem fröhlichen Urlaub, anstatt zu einem ernsthaften Versuch, während des Reisens seinen Lebensunterhalt zu verdienen.

Produktiver ist es, gleich so anzufangen, wie man weitermachen will, und sein Leben als ortsunabhängig Arbeitender gut zu organisieren. Sie werden ja eine Weile hier sein, da ist noch genug Zeit, den Duft der Rosen zu atmen und die Sehenswürdigkeiten zu erkunden.

Um Ihren Weg ins Unbekannte mit dem rechten Fuß zu beginnen, vermeiden Sie Anfangsstress. Recherchieren Sie vorher gründlich – online, mit Reiseführern, in Gesprächen mit anderen Nomaden über Facebook-Gruppen und Foren –, und planen Sie den Weg vom Flughafen zu Ihrer ersten Unterkunft.

FÜR EINE SANFTE LANDUNG SORGEN

- ★ **Nachts fliegen, morgens landen** Am besten fliegt man über Nacht, dann kann man schlafen, landet morgens und kann sich bei Tag eingewöhnen.
- ★ **Nicht in der Dunkelheit ankommen** Vieles hat geschlossen, Taxifahrten sind teurer, man verläuft sich eher in einer fremden Stadt und das Risiko eines Überfalls ist höher.
- ★ **Unterkunft für die erste Nacht vorher buchen** Nach einem langen Flug möchte man nicht in einer fremden Stadt umherlaufen, um eine Unterkunft zu finden.
- ★ **Sich am Flughafen abholen lassen** Viele Hotels, Hostels und Gemeinschaftsunterkünfte bieten einen Abholservice an. Dann muss man sich nicht gleich mit dem öffentlichen Nahverkehr oder geldgierigen Taxifahrern abplagen.
- ★ **Technik vorausplanen** Finden Sie vorher Internet- und Handymodalitäten heraus, dann können Sie nach der Landung eine lokale SIM-Karte kaufen und gleich online gehen.
- ★ **Geldumtausch** Wechselstuben an Flughäfen nehmen meist hohe Gebühren. Also haben Sie genug Bargeld in der Landeswährung für den ersten Tag dabei (oder heben Sie am Automaten ab) und machen Sie große Transaktionen später!

EIN PERFEKTER ERSTER TAG

Es ist Ihr erster Tag in Ihrer Traumdestination, machen Sie etwas daraus! Stellen Sie sich den Wecker früh und nutzen Sie die ersten 24 Stunden, um sich gründlich mit der Stadt bekanntzumachen, die Ihr neues Zuhause wird.

Ein Spaziergang am frühen Morgen

Verschlafen Sie Ihr Leben nicht! Am besten erkundet man eine Stadt in den ersten Stunden des Tages – bevor der Berufsverkehr einsetzt. Mit einem Stadtplan aus Papier oder digital auf dem Handy laufen Sie zu Fuß los, um ein Gefühl für Ihre Umgebung zu bekommen.

Ein Frühstückscafé finden

Frühstücken im Café wird zu Ihrer Routine gehören, finden Sie also heraus, welche Cafés Ihnen gefallen und eine schnelle Internetverbindung haben. Recherchieren Sie im Voraus bei Bloggern vor Ort und anderen Nomaden.

Öffentlicher Nahverkehr

Wenn Sie nicht zufällig Facebook gegründet haben und daher dauernd in einer Limousine herumfahren können, wird für Sie der öffentliche Nahverkehr eine große Rolle spielen. Finden Sie heraus, wie er in Ihrer neuen Stadt funktioniert – Verkehrsmittel, Zeiten, Zahlungsarten.

Und mittags Street Food

Draußen zu essen, ist eines der Vergnügen beim Reisen, und wenn man den besten Ort für eine Schale Pho-Nudeln oder eine heiße Empanada kennt, fühlt man sich schon fast wie ein Insider. Erkunden Sie Märkte und Street-Food-Stände und konsultieren Sie Foodblogs mit Insidertipps.

Entspannen im Park

Jeder Stadtmensch braucht ab und zu ein bisschen Grün. Erforschen Sie Parks und finden Sie Ihren Lieblingsplatz für Picknicks, entspannende Spaziergänge und morgendliches Joggen.

Sich über Co-Working-Spaces informieren

Sie sind zum Arbeiten hier, besuchen Sie also Co-Working-Spaces und bekommen Sie heraus, was diese bieten – Internetverbindungen, Veranstaltungen usw. Sprechen Sie mit einigen Ihrer potenziellen zukünftigen Kollegen, das könnte der Beginn einer schönen Arbeitsbeziehung werden.

Abends authentisch essen

Jede Stadt hat ihr typisches Essen, feiern Sie Ihren ersten Abend mit einer Spezialität des Ortes. Wie gehoben die Küche sein soll, ist natürlich Ihre Entscheidung, aber oft bekommt man das beste Essen nicht in einem schicken Restaurant mit Oberkellner im Anzug, sondern in einer Familientrattoria um die Ecke.

Auf Stammkneipensuche

Es wird eine Weile dauern, bis die Barangestellten Ihren Getränkewunsch kennen, aber ein wenig durch die Barszene zu schlendern, ist eine gute Art, den ersten Erkundungstag zu beenden. Lassen Sie die Touristenkneipen aus und suchen Sie nach Bars, in denen Einheimische verkehren.

Unterkunft

Die Unterkunft ist der größte Einzelposten im Budget eines Nomaden und muss gut geplant werden. Ihr Aufenthalt ist kein Urlaub. Hotels und Hostels verringern das Budget, und manch einer braucht einen Raum für sich allein. Auch die Lage ist wichtig; wenn man zu seinem Arbeitsplatz und den Cafés durch die halbe Stadt fahren muss, könnten die Transportkosten eine Ersparnis wieder zunichte machen. Hier sind einige Optionen.

HOTELS & HOSTELS

Zimmer in Hotels und Hostels findet man leicht, und viele Nomaden beginnen ihren Trip mit ein paar Nächten in normalen Touristenunterkünften. Vorteile: Meist sind WLAN, Frühstück und tagsüber Tee und Kaffee umsonst. Nachteile: Kleines Zimmer, keine Küche und man schläft und arbeitet im selben Raum, was sich negativ auf den Schlaf auswirken kann.

In Hotels kann man sich auch sehr allein fühlen (fragen Sie Geschäftsreisende), und in Hostels hat man zwar Gesellschaft, aber nur eine begrenzte Privatsphäre und Sicherheit. Langfristig wird beides teuer, auch wenn man wegen des langen Aufenthalts einen Rabatt aushandeln kann. Hostels weltweit findet man auf HostelWorld.com (**www.hostelworld.com**). Gute Websites für verbilligte Last-Minute-Hotelzimmer sind zum Beispiel Hotel Tonight (**www.hoteltonight.com**) und Booking.com (**www.booking.com**).

AIRBNB

Airbnb ist die bekannteste Seite, um Zimmer oder Wohnungen in 191 Ländern direkt vom Vermieter zu buchen. Viele Nomaden beginnen jeden neuen Stopp in einer Airbnb-Unterkunft, bevor sie etwas Dauerhafteres finden. Die meisten Zimmer und Wohnungen haben WLAN und freundliche Gastgeber, die helfen, mit der neuen Stadt vertraut zu werden. Für ein paar Tage oder Wochen kann Airbnb günstig sein, für einen längeren Aufenthalt ist es unrentabel.

ZIMMER & APARTMENTS ZUR MIETE

Wenn es WLAN gibt, ist ein gemietetes Zimmer oder ein Apartment in einer Hausgemeinschaft eine gute Sache. Man hat seinen privaten Raum zum Arbeiten und Schlafen, und die Küchenbenutzung erspart Essenskosten. In Wohngemeinschaften hat man auch sofort Gesellschaft – was Segen oder Fluch sein kann.

Die Kosten pro Nacht sind oft bedeutend geringer als bei anderen Unterkunftsformen, aber berechnen Sie auch Heizung, Strom und andere Nebenkosten. WLAN ist ein weiteres Extra, falls nicht vorhanden, muss man einen lokalen Provider dafür bezahlen.

Nach Apartments sucht man online bei Maklern oder über Ferienwohnungsseiten wie HolidayLettings (**www.holidaylettings.com**) und HomeAway (**www.homeaway.com**). Gut ist auch, in Co-Working-Spaces oder über Facebook-Gruppen mit anderen Nomaden oder Expats zu sprechen. Spezielle Plattformen für Unterkünfte für digitale Nomaden sind GoBeHere (**www.gobehere.com**) und Nomad Rental (**www.nomadrental.com**).

CO-LIVING

Co-Living ist ein Mittelding zwischen Co-Working-Space und Wohngemeinschaft im selben Haus – eine Gemeinschaft von ortsunabhängig Arbeitenden nach dem Modell von Mark Zuckerbergs Start-up-Haus in Palo Alto. Es wird von vielen Co-Working-Spaces angeboten, entweder vor Ort oder in der Nähe. Meist bekommt man ein Zimmer mit Badezimmer und Zugang zu Gemeinschaftsräumen zum Essen, Arbeiten und Entspannen und eine Internetverbindung, die schneller als üblich ist. Man bekommt ein Gefühl von Gemeinsamkeit, weil alle auf ähnliche Art arbeiten, und das soziale Miteinander lässt keine Nomaden-Isolation aufkommen. Aber Co-Living ist oft ziemlich teuer (auch wenn die Bewohner oft einen Rabatt bei anderen Working-Spaces und Versammlungsräumen erhalten) und man hat weniger Privatsphäre als in einem Apartment. Möglichkeiten findet man zum Beispiel auf Visit CoLiving (www.coliving.com), Digital Nomad House (www.digitalnomadhouse.net) oder Outsite (www.outsite.co).

TOP TIPP

»Ich habe lange Phasen mit House-Sitting verbracht, das Leben ohne Wohnkosten erspart einem viel Stress. Am überraschendsten war das House-Sitting auf der Isle of Mull, Schottland. Ich habe mich in den Ort verliebt und bin mehrere Male wiedergekommen, obwohl das schwache Mobilfunknetz und das extrem langsame Internet eine Herausforderung sind.«

Doug Murray, Content Creator und Marketing-Experte bei www.dougmurrayproductions.com

COUCH-SURFING

Couch-Surfing ist eine beliebte Option für Reisende mit knappem Budget, aber für Nomaden wenig geeignet. Man hat kaum Privatsphäre, eine unvorhersehbare Arbeitsumgebung und ist abhängig von dem Goodwill und dem WLAN eines bis dahin unbekannten Gastgebers. Andererseits kann man interessante Leute kennenlernen. Sofas, die Schläfer suchen, findet man auf Couchsurfing.com (www.couchsurfing.com).

HOUSE-SITTING

House-Sitting ist reizvoll, denn man zahlt meist nichts und hat ein ganzes Haus oder eine Wohnung für sich – manche palastartig, verglichen mit normalen Nomadenunterkünften. Allerdings muss man alles so lassen, wie die Eigentümer es wollen, und kann sich seinen Raum nicht selbst gestalten. Optionen findet man auf Housecarers (www.housecarers.com), House Sitting World (www.housesittingsorld.com) und MindMyHouse (www.mindmyhouse.com).

Essen und Trinken

Essen ist eines der großen Vergnügen beim Reisen, und es macht Spaß, Lieblingslokale und tolles Street Food zu finden. Aber immer essen zu gehen, kann etwas teuer werden. Achten Sie darauf, dass Ihre Unterkunft Küchenbenutzung einschließt. Alleine zu essen, ist vielleicht gewöhnungsbedürftig, daher nehmen viele Nomaden ein Buch, ein Tablet oder sogar einen Laptop mit.

© JUSTIN FOULKES / LONELY PLANET

Ortstypisch essen

In einem feinen Restaurant allein zu essen, kann merkwürdig sein, aber in einem Lokal mit schneller Bedienung, in dem viel los ist, fühlen sich auch Einzelpersonen nicht fehl am Platz. Dort kann man in die lokale Küche eintauchen (nicht in die für Touristen verfremdete Version) und Geld sparen.

Um die besten Plätze zu finden, fragt man Angestellte in Hostels und Co-Working-Spaces, Mitbewohner in Wohngemeinschaften oder Leute auf der Straße. Auch Nomaden-Netzwerke und Treffen liefern Tipps. Und man folgt Nase und Ohren zu Lokalen, an denen draußen Leute anstehen, aus denen es wunderbar duftet und fröhliches Stimmengewirr erklingt.

Sich dem lokalen Geschmack anpassen

Wenn man unbedingt das Gleiche wie zu Hause essen will, werden die Einkaufs- und Essensrechnungen in die Höhe schnellen. Importierte Waren sind immer teurer, und Käse, Schinken und Wein können wahrer Luxus sein. Hält man sich an das, was die Einheimischen essen, sind die Einkaufsrechnungen niedriger, vor allem wenn man auf Märkten anstatt in Expat-Läden einkauft. Erkunden Sie die Läden und verschaffen Sie sich einen Eindruck, was billig und was teuer ist; Fisch kostet meist weniger als Fleisch oder Geflügel, und Obst und Gemüse können so billig sein, dass man am liebsten alles kaufen möchte.

Einen Kochkurs machen

Diese Berge grüner Blätter und unbekannter Wurzeln auf den Märkten können einschüchternd und mysteriös wirken. Was zum Teufel ist das alles? Salatzutaten, Kräuter, Gemüse, Medizin? Um das Rätsel zu lösen, machen Sie einen Kochkurs mit einem geführten Marktbesuch. In ein paar Tagen können Sie preiswerte, schnelle Mahlzeiten aus exotischen Zutaten des Landes zubereiten, die Ihre bisherige Ernährung aus Spaghetti Bolognese und Burgern langweilig aussehen lassen.

Andere Länder ...

... andere Sitten. In manchen Ländern nimmt man Frühstück, Mittag- und Abendessen zu ähnlichen Zeiten ein wie bei Ihnen zu Hause. In anderen gibt es nur ein schnelles Frühstück, sobald es hell ist, und das Abendessen muss bis lange nach Dunkelheitseinbruch warten. Wenn man seine innere Uhr den Gewohnheiten des Landes anpasst, wird es einem nicht passieren, dass man am Freitagmorgen vor geschlossenen Cafés steht, weil alle in der Moschee sind. Informieren Sie sich in islamischen Ländern über den Ramadan. Während des heiligen Fastenmonats ist das Essen tagsüber verboten und es darf nur Wasser getrunken werden; die Restaurants öffnen erst wieder, wenn bei Sonnenuntergang Fastenbrechen ist.

Street Food

Viele vermeiden Street Food aus Angst vor Krankheiten, aber es kann köstlich schmecken und kostet nur einen Bruchteil dessen, was man im Restaurant zahlen würde. Am besten fragt man Einheimische nach den besten Street-Food-Ständen der Gegend und vermeidet mit ein paar einfachen Regeln Magenbeschwerden: nur dort essen, wo alles frisch und sichtbar zubereitet wird, Eis und Salate nur verzehren, wenn man sicher ist, dass das Wasser trinkbar ist, vor dem Essen die Hände mit einem Tuch oder Desinfektionsmittel reinigen und nur zu von vielen Einheimischen besuchten Ständen gehen. Suchen Sie nach den besten Straßen- und Lebensmittelmärkten, Lunchständen in Geschäftsgegenden und Essensständen an Bahnhöfen und Busstationen.

Allergien, Intoleranzen und besondere Ernährungsformen

In anderen Ländern sind Allergien und Intoleranzen vielleicht nicht so ein Thema wie bei Ihnen zu Hause. Daher sollte jeder Betroffene immer die notwendigen Notfallmedikamente dabeihaben und Karten, auf denen die Beschwerden in der Landessprache erklärt werden – für mehr Infos besuchen Sie www.selectwisely.com oder www.allergytranslation.com.

Veganer und Vegetarier

Veganer oder Vegetarier können sich einer besonderen Herausforderung gegenübersehen. »Vegetarisch« bedeutet häufig »mit Gemüse« anstatt »ohne Fleisch«, und in manchen Ländern wird standardmäßig mit Fleisch-, Hühner- oder Fischbrühe gekocht. Oft sind religiöse Restaurants die Lösung – buddhistische Lokale sind meist vegetarisch, und jainistische und südindische Restaurants werben oft mit vegetarischem Essen.

Den Arbeitsplatz wählen

Nach der Entscheidung für eine Stadt ist die nächste große Frage, wo man arbeiten wird. Das romantische Bild vom Arbeiten mit dem Laptop am Strand ist eine hübsche Fantasie, aber man wird auf dem Bildschirm kaum etwas erkennen, und wo kommt das WLAN her? Realistische Nomaden wählen einen Arbeitsplatz mit freiem WLAN und einer ruhigen Umgebung. Hier sind ein paar Tipps.

Coffeeshops

Coffeeshops haben viele Vorteile. Das WLAN ist meist umsonst und schnell, und außerhalb der Stoßzeiten ist die Arbeitsatmosphäre recht ruhig. Auch kann die Gegenwart anderer ein Gefühl der Isolation verhindern, das leicht beim Arbeiten in einem gemieteten Apartment oder Zimmer aufkommt. Allerdings muss man für die Benutzung des WLANs mit Getränken oder Snacks bezahlen, und nicht jeder Coffeeshop-Inhaber wird glücklich sein, wenn man den ganzen Tag mit einem Cappuccino in seinem Laden sitzt. Manche halten auch Arbeitstreffen in Coffeeshops ab, aber mit der geringen Privatsphäre ist ein Café wenig geeignet, um über Geld zu reden oder sensible Telefon- oder Videokonferenzen abzuhalten. Und da das WLAN öffentlich ist, sollte man beim Senden privater Informationen vorsichtig sein, sofern man kein VPN (Virtual Private Network) hat. Auch die Stromversorgung kann ein Problem sein. Ohne eine Steckdose gleich neben Ihrem Tisch hängt Ihre Arbeitszeit davon ab, wie lange Ihre Laptop-Batterie hält.

Gemietetes Homeoffice

Natürlich kann man auch im Hostel, Hotel oder Apartment arbeiten, was die Kosten erheblich reduzieren kann. Aber vielleicht fühlt man sich ein bisschen wie ein Einsiedler, wenn man die ganze Zeit in einem Raum verbringt. Auch zeigen zahlreiche Studien, dass das Leben und Arbeiten im selben kleinen Zimmer Schlafmuster negativ beeinflussen und Stress hervorrufen kann. WLAN wird in vielen Hostels und Hotels gratis zur Verfügung gestellt, nicht immer aber in gemieteten Räumen, wenn man nicht dafür zahlt.

Hat man eine lokale SIM-Karte mit 4G-Netzwerk, kann dies eine kostengünstige Variante sein, aber für eine verlässliche, schnelle Internetverbindung braucht man einen lokalen Internet Service Provider (ISP), und manche Pakete müssen mindestens für ein Jahr gebucht werden. Andererseits ist man im eigenen Zimmer völlig ungestört für Telefonate und Facetime-Meetings, und man kann ja zwischendurch auch in Cafés oder Co-Working-Spaces arbeiten.

TOP TIPP

»Das Beste am Leben eines digitalen Nomaden ist die Freiheit, sich nach seinem individuellen Arbeitsrhythmus zu richten. Eine introvertierte Nachteule kann ihr Apartment/Hotel zum nächtlichen Büro machen. Extrovertierte, die gern feste Arbeitszeiten haben, sind mit einem Co-Working-Space oder Coffeeshop besser dran.«

Catherine Brody, freie Reiseautorin, www.catherinebodry.com

Co-Working-Spaces

Seit den Tagen, in denen zweifelhafte Vermietungsagenturen Büroräume an Industriestandorten vermieteten, hat sich Co-Working völlig neu erfunden. Die heutigen Co-Working-Spaces bieten eine helle, kreative Atmosphäre mit Meetingräumen, und separaten Bereichen zum Telefonieren oder Chillen. Es gibt ein Café oder eine Kaffeeküche und immer WLAN, das ungleich schneller ist als in öffentlichen Einrichtungen. Daher ist dieser Arbeitsplatz Standard für Nomaden aus datenintensiven Bereichen wie Programmierer, Grafikdesigner oder Videoproduzenten.
Fast alle Co-Working-Spaces bieten Tagespässe und eine Wochen-, Monats- oder Jahresmitgliedschaft an. Ausgestattet sind die Räume mit sogenannten Hot Desks (kein fester Arbeitsplatz) oder reservierbaren Schreibtischen. Jeder Platz verfügt über einen ergonomischen Stuhl, Ethernet-Kabel und Stromanschluss. Feste Arbeitsplätze sind begehrt und teuer und man findet sie kaum unter 150 Euro pro Monat. Der größte Vorteil ist das Soziale. Co-Working-Spaces sind perfekt zum Netzwerken, und meist werden auch Workshops, Netzwerk-Sitzungen und soziale Treffen angeboten.

Einen Co-Working-Space finden

Es gibt spezielle Seiten für Co-Working-Spaces wie zum Beispiel CoWorker (www.coworker.com) oder die App Croissant (www.getcroissant.com). Weitere Optionen wären, Facebook-Gruppen für Expats und digitale Nomaden oder über Google in der jeweiligen Stadt nach Co-Working-Spaces zu suchen.

Andere öffentliche Orte

Viele städtische Gebäude bieten freien, kostengünstigen Internetzugang an: Öffentliche Bibliotheken, Busbahnhöfe, Flughäfen, Museen oder Fastfood-Restaurants.

WORAUF MAN BEI CO-WORKING-SPACES ACHTEN SOLLTE

Bei der Suche nach einem Co-Working-Space sollte man folgende Kriterien bedenken:

★ Internetverbindung mit Downloadgeschwindigkeit von 100 MBit/s oder mehr.
★ Eine Auswahl an Hot Desks oder reservierbare Arbeitstische.
★ Meetingräume und Telefonkabinen.
★ 24/7-Zugang für Mitglieder.
★ Grüne Pflanzen und Tageslicht.
★ Geringe Geräuschkulisse.
★ Ein Café für Pausen.
★ Eine Küche für preiswerten, selbst zubereiteten Lunch.
★ Regelmäßige Networking-Events und soziale Treffen.
★ Gute Sicherheit, um die Chance zu verringern, dass jemand mit Ihrer wertvollen Technik davonspaziert.
★ Generatoren in Ländern mit unzuverlässiger Stromversorgung.
★ Eine gute Atmosphäre.

© 2020, OUTPOST CANGGU, BALI

TIPPS FÜR DIE WLAN-SUCHE

Als digitaler Nomade brauchen Sie eine Internetverbindung, wie ein Barrakuda das Wasser braucht. Und wenn es gratis ist, umso besser. Man kann auf der Suche nach Cafés mit WLAN-Sticker durch die Straßen laufen, aber da man seine Existenz sichern muss, sucht man besser im Voraus. Hier sind ein paar Tipps.

Eine App nutzen
Gratis-Apps zum Finden von WLAN (iOS oder Android) gibt es auf Grundlage von Maps für die ganze Welt. Die ständig aktualisierten Maps kann man downloaden und offline nutzen. Beliebt sind WiFi Map (www.wifimap.io) und Wiman (www.wiman.me).

Für Bücherwürmer
Öffentliche Büchereien haben fast immer freies oder kostengünstiges WLAN und ruhige Arbeitsplätze. Auch in anderen öffentlichen Gebäuden wie Malls, Museen und Verkehrseinrichtungen findet man oft freies WLAN.

Flexiroam
Eine weitere Option ist eine App von Flexiroam (www.flexiroam.com), eine App mit einer Miniatur-SIM-Card, die über der eigenen SIM liegt und günstiges Datenroaming in 150 Ländern anbietet.

Das Web nutzen
Apps zeigen WLAN-Hotspots an, zum Beispiel die Gratis-App OpenWiFiSpots (www.openwifispots.com; Karte wird von Benutzern ständig aktualisiert), Boingo (www.boingo.com; mit Abo, mit einer Million Hotspots weltweit) und WiFi Free Spot (www.wififreespot.com; globale Verzeichnisse).

Handy als Modem
Nicht umsonst, aber wenn nichts anderes geht, kann man sein Handy über Bluetooth oder ein Kabel mit dem Computer verbinden.

Große Ketten nutzen
Alle Apple Stores und fast alle Starbucks- und McDonalds-Filialen haben freies WLAN, meist auch mit guter Verbindung.

Eigener Hotspot
Eine weitere Option ist ein tragbarer WLAN-Hotspot. Diese Handys nutzen eine SIM-Card, bei vielen muss man ein Abo abschließen. Ein freier Hotspot arbeitet mit lokalen SIM-Cards und reduziert Internetkosten.

TOP TIPP

»Man sollte möglichst eine lokale SIM-Karte mit Internetzugang kaufen, um eine Internetverbindung für den Fall zu haben, dass diese in der Unterkunft oder im Café nicht funktioniert. Meist ist eine Prepaid SIM-Karte billiger, am besten vergleicht man die Preise vorher.«
Piotr Gryko, Softwareentwickler-Nomade, www.piotrgryko.com

KONTAKT MIT ANDEREN DIGITALEN NOMADEN

Ein digitaler Nomade zu sein, heißt nicht, dass man ein Einsiedler ist, auch wenn man eher allein als im Team arbeitet. Um zu erfahren, was andere machen, und um Tipps für Orte zum Essen, Schlafen und Arbeiten zu bekommen, schließt man sich am besten dem lokalen Nomadennetzwerk an. So ist man auch sozial eingebunden.

TOP TIPP

»Um Einsamkeit zu vermeiden, sollte man sich an jedem neuen Ort aktiv bemühen, Freunde zu finden. Fast in jeder Stadt gibt es Couchsurfing-Meetups, bei denen man Locals kennenlernen kann. Auch bei Facebook-Events an einem neuen Ort kann man erfahren, was dort los ist.«
Piotr Gryko, Softwareentwickler-Nomade, www.piotrgryko.com

Co-Working
In Co-Working-Spaces gibt es Netzwerktreffen, Workshops und soziale Events, und ihre Cafés, Küchen und Chill-out-Zonen sind tolle Orte, um andere Nomaden kennenzulernen.

Facebook-Gruppen
Die meisten bei digitalen Nomaden beliebten Städte haben Facebook-Gruppen mit einem großen Pool an Infos zum Ort. Expat-Gruppen bieten sich eher für allgemeine Ratschläge und Verbindungen vor Ort an. Am besten den Stadtnamen und »digitale Nomaden« oder »Expats« googeln.

Co-Living
Co-Living ist wie Co-Working, nur noch intensiver. Man ist sofort Teil einer gleichgesinnten Community, aber man sollte sich nicht davon abhalten lassen, Kontakte mit Ortsansässigen zu suchen und sich die Stadt auf eigene Faust zu erobern.

Nomad List
Die Seite Nomad List (www.nomadlist.com) bietet neben der Fülle an Quellen – Co-Working-Suche, Infos zu Städten/Lebenshaltungskosten – ein beliebtes Mitgliederforum, eine lebhafte Chat-Gruppe und einen Slack-Kanal. Die Mitgliedschaft kostet 9,99 US-Dollar im Monat, langfristig weniger.

Meetups
Die meisten Co-Working-Spaces veranstalten regelmäßige Meetups für ortsunabhängig Arbeitende, einige mit einem Fokus aufs Business, andere eher mit sozialer Ausrichtung – Getränke- oder Pizzaabende, Aktivitäten, Gruppenwanderungen oder Ähnliches. Jeder Space gibt Auskunft, was dort stattfindet. Viele berufliche und soziale Veranstaltungen werden über die Seite Meetup (www.meetup.com) organisiert. Oder man fragt auf Foren für digitale Nomaden danach.

Gruppen-Nomaden
Organisation wie zum Beispiel WIFI Tribe (www.wifitribe.co) bieten weltweit Co-Living-Pakete. Dort kann man Gruppen- oder Einzelzimmer mieten und ist sofort Teil einer Arbeits- und Sozialgemeinschaft. Die Preise sind jedoch hoch, und dass viele hier nur ein Sabbatjahr machen wollen, kann Leute mit dem Ziel, unabhängig zu arbeiten, etwas stören. Ähnliche Programme gibt es auf Remote Year (www.remoteyear.com) und Hacker Paradise (www.hackerparadise.org).

Den Zielort erkunden

© IM_PHOTO / SHUTTERSTOCK

Ein digitaler Nomade ist kein Durchreisender. Nachts schnell mal ein Taxi zu nehmen, kann sich summieren, daher bewegen sich viele Nomaden wie die Ortsansässigen mit den öffentlichen Verkehrsmitteln, gehen zu Fuß oder leihen ein Fahrrad. Die Fortbewegung mit eigener Energie gibt einem auch ein starkes Gefühl für die Gegebenheiten eines neuen Ortes.

Google Maps

Google Maps (https://maps.google.com) ist für die Orientierung in der ganzen Welt einfach unschätzbar. Man kann sich Routen und Entfernungen anzeigen lassen, Marker anbringen und Karten auf sein Handy downloaden.

Taxi-Apps

Gibt es welche? Sind sie zuverlässig? Uber (www.uber.com) erobert die Welt im Sturm, aber viele Länder haben ihre eigenen lokalen Apps mit mehr Fahrern und kürzerer Wartezeit. In Nordamerika gibt es noch Lyft (www.lyft.com) und Curb (https://mobileapp.gocurb.com); in Indien Ola (www.olacabs.com). In China ist Didi Chuxing (www.didiglobal.com) vorherrschend, in Japan Line (www.linecorp.com). Weit verbreitet in Singapur, Malaysia, Indonesien und anderen Teilen Südostasiens ist GrabTaxi (www.grab.com).

Spar-Tickets

2013 hat Tallinn als erste Stadt der Welt einen kostenlosen öffentlichen Nahverkehr für Bewohner eingerichtet. So weit gehen die meisten Städte nicht, aber fast alle bieten ermäßigte Tarife für eine bestimmte Nutzung an, manchmal muss man allerdings Bewohner sein. Praktisch sind mehr und mehr angebotene Smartcards zum Aufladen, mit denen man ebenfalls sparen kann. Beachten sollte man auch, dass manchmal verschiedene öffentliche Transportmittel sich in den Kosten unterscheiden.

Scooter oder Motorrad leihen

In Asien und vielen anderen Teilen der Welt sind Motorräder, Mopeds und Scooter die Könige der Straßen. Diese vielseitigen Fahrzeuge sind billig zu leihen, leicht zu parken und perfekt geeignet für enge und überfüllte Straßen. Wichtig ist, dass das Fahrzeug versichert ist, und die Versicherung Schäden am Fahrzeug und medizinische Kosten und Schäden bei einem Unfall abdeckt. Vermeiden sollte man Leihstationen, die keine Fragen stellen und nur den Pass als Pfand verlangen.

Nah am Arbeitsplatz wohnen

Lange Fahrten zur Arbeit können das Budget belasten. Nah am Arbeitsplatz zu wohnen, kann einem viele Transportkosten ersparen. Einige Co-Working-Spaces bieten auch Co-Living an, aber es spricht viel dafür, Arbeiten und Wohnen zu trennen; so kann man am Ende des Arbeitstags besser abschalten.

Work-Life Balance

In seinen Ferien kann man viel Geld für tolle Erlebnisse ausgeben und sich später Gedanken machen, wie man es wieder einspielt. Als arbeitender Nomade muss man ein Geschäft führen und sein Budget einhalten. Es lohnt sich, nur bei besonderen Gelegenheiten großzügig mit seinem Geld umzugehen – nicht jeder Tag muss ein Verwöhntag sein.

Sich verwöhnen

Ihr Wochenplan sollte Sport und kleine Belohnungen enthalten, aber nehmen Sie sich ab und zu einen Tag für etwas Besonderes frei. Bei der Balance zwischen Arbeit und Freizeit kann die App The Toggl (www.toggl.com) helfen.

Spaziergang im Park

Die meisten öffentlichen Parks sind Orte, an denen man spazieren gehen, durchatmen und das Chaos der Stadt einen Moment vergessen kann. Falls der Eintritt überhaupt etwas kostet, ist er geringfügig, und Stadtparks sind tolle Orte, um den Ansässigen zuzuschauen und sie besser verstehen zu lernen.

Für Abenteurer

Outdoor-Typen, die nah an ihrem Lieblingssurfstrand, Wanderweg oder Kletterfelsen arbeiten, haben es gut. Wenn man verrückt nach Klettern oder Base-Jumping ist oder ein fanatischer Angler, sollte man einen Ort wählen, wo man seinen Lieblingssport umsonst ausüben kann. So hat man doppelten Gewinn.

Strandliebhaber

Mit der Wahl eines digitalen Zentrums nah am Meer hat man den Entspannungs-Hauptgewinn. Vielleicht sind es nur Minuten vom Co-Working-Space zum Schwimmen, Schnorcheln, Surfen oder Sonnenbaden am Strand. Dafür muss man oft nicht einmal am Meer arbeiten, viele Städte haben Strände am Fluss oder künstliche Strände in Parks.

Neue Stadtviertel erforschen

Als Fremder in einem fremden Land kann man jeden Tag ein neues Stück Stadt erkunden und sich wie ein Entdecker vorkommen. Am Wochenende und an freien Tagen bricht man zu Expeditionen in andere Stadtviertel auf, schaut sich Street Art an, kostet Street Food, stürzt sich ins Nachtleben und findet vielleicht sogar eine Gegend, in der man wohnen möchte, wenn einem die eigene Unterkunft nicht mehr gefällt.

TOP TIPP

»Für Freelancer kann die Entscheidung schwer sein, wann man arbeitet und wann man abschaltet. Meine 9-to-5-Mentalität abzulegen, hat gedauert, auch nachdem ich gemerkt hatte, dass ich nachts am produktivsten war. Als ich mir erlaubte, zu unkonventionellen Zeiten zu arbeiten, konnte ich tagsüber ohne schlechtes Gewissen auf Erkundungstour gehen. Man muss seinen eigenen Rhythmus finden.«

Emily McAuliffe, Reiseautorin und Texterin, www.emilymcauliffe.com

Kultur genießen

Museen haben eine Erziehungsaufgabe, und viele erstklassige Kulturinstitutionen eröffnen einem bei freiem Eintritt eine Welt der Kunst, Kultur und Geschichte. Und wenn der Eintritt nicht frei ist, ist man als Freelancer so felxibel, dann zu gehen, wenn die Tickets günstiger sind.

FREMDER IN EINEM FREMDEN LAND SEIN

Am ersten Tag in einem neuen Land kann man sich sehr besonders fühlen, wie ein Dschungelforscher, der eine verborgene Stadt entdeckt. An Tag 180 ist von diesem Glanz wahrscheinlich etwas verloren gegangen. Nicht umsonst bilden Nomaden oft Gruppen: Der Abenteuergeist treibt einen an, allein Neuland zu betreten, aber trotzdem ist es ab und zu angenehm, Zeit mit Leuten mit ähnlichen Lebenserfahrungen zu verbringen.

Am besten ist es, wenn man in seinem Nomadenleben von beidem etwas unterbringen kann; ziehen Sie allein los und tauchen Sie ein in das Leben im Ort, aber gestatten Sie sich, sich ab und zu in die bequeme Gesellschaft anderer Nomaden und Expats zu begeben, um die Überraschungen, Frustrationen und Entdeckungen zu teilen, die sicher nicht die gleichen sind wie für jemanden, der schon immer im Land wohnt.

SICH AN EIN FREMDES LAND ANPASSEN

Als digitaler Nomade muss man kein Einsiedler sein, auch wenn man eher allein als im Team arbeitet. Um herauszufinden, was andere Nomaden tun und Tipps zum Essen, Schlafen und Arbeiten zu bekommen, schließt man sich dem lokalen Nomadennetzwerk an. So findet man auch schnell einen Bekanntenkreis.

★ Kultur aus der Heimat

Mit dem Anwachsen digitaler Unterhaltung hat die Tradition Reisender an Beliebtheit verloren, zum Goethe-Institut oder British Council zu gehen, um sich einen Film von zu Hause oder eine Kulturveranstaltung anzusehen. Es ist jedoch ein sozialeres Ereignis, als sich in seinem Apartment eine DVD mit Game of Thrones anzuschauen. In Kulturzentren findet man oft an Infobrettern Hinweise zu Veranstaltungen, oder man erkundigt sich nach Filmabenden oder Aufführungen an den Universitäten, um sich weniger wie ein Fremder und mehr als Teil der Szene vor Ort zu fühlen.

★ Der vertraute Geschmack von zu Hause

Nichts besänftigt Heimweh so gut wie der vertraute Geschmack der geliebten Lebensmittel von zu Hause. In der ganzen Welt pilgern Expats zu dem einen Laden in der Stadt, der Schweizer Schokolade, amerikanische Pickles oder englisches Marmite verkauft. Nichts spricht dagegen, ab und zu diese Sehnsucht zu stillen; beim monatlichen Trip zur deutschen Bäckerei oder zum Irish Pub feiert man seine Wurzeln, stößt mit anderen Expats an und beginnt vielleicht mit einem völlig Unbekannten ein Gespräch über das, was man gerade vermisst.

★ Kontakte herstellen

Als ortsunabhängiger Freelancer befindet man sich nicht in einem stillen Meditations-Retreat. Co-Working-Spaces sind voller Menschen »in Transit« mit interessanten Ideen und Insiderwissen über die neue Stadt. In den meisten Co-Working-Spaces gibt es regelmäßige Treffen, oder man geht zu Meetups, die Facebook-Gruppen für digitale Nomaden und Expats organisieren. Meetup (www.meetup.com) ist nur eine Möglichkeit, um sich über anstehende Treffen zu informieren.

★ Dating

Wenn man keine feste Beziehung hat, ist Reisen eine schöne Art, neue Leute kennenzulernen. Bei Veranstaltungen im Co-Working-Space kann man seinen Bekanntenkreis erweitern, ebenso durch Dating-Apps oder das Kennenlernen von Leuten in Kursen und bei Aktivitäten. Auch wenn sich nicht mehr ergibt, kann man dadurch eine Stadt mit anderen Augen sehen.

★ Kursteilnahme(n)

Der Wegfall der vertrauten Gewohnheiten bietet die Chance, Zeit in seine persönliche Entwicklung zu investieren. Die Landessprache zu lernen, ist ein guter Beginn, um neue Leute kennenzulernen und neue Fähigkeiten zu erwerben.

In Verbindung bleiben

Wie ein Astronaut auf einem Weltraumspaziergang ist man wegen des Abenteuers digitaler Nomade geworden, nicht um allein in einer riesigen Weite zu schweben. Mit der Heimat in Verbindung zu bleiben, ist ein wichtiger Schritt, um seine Wurzeln nicht zu verlieren und die Beziehungen zu Familie und Freunden aufrechtzuhalten. Kein Reisender ist eine Insel, auch wenn man vielleicht auf einer lebt!

© MATT MUNRO / LONELY PLANET

© CAIAIMAGE / TREVOR ADELINE / GETTY IMAGES

Dank der modernen Technik ist es heute einfacher denn je, Verbindungen aufrechtzuerhalten. (Anders als bei den armen Entdeckern, die nur alle paar Jahre eine Nachricht nach Hause senden konnten, oder den Schiffbrüchigen, die dafür eine Flasche über den Ozean losschickten.) E-Mail hat die Briefpost fast ganz verdrängt, und Social-Media-Apps machen es möglich, jeden Moment des Tages in Kontakt zu sein.

Für die Verbindung mit den Lieben zu Hause sollte man ein paar grundsätzliche Regeln bedenken. Das Allerwichtigste ist, die Kommunikation persönlich zu halten. Instagram ist gut für die bearbeitete Version Ihres Lebens; in Botschaften an Freunde und Familie kann man auch Gedanken und Gefühle teilen und die Isolation eines Fremden weit weg von zu Hause ein wenig aufbrechen.

ERFAHRUNGEN VON UNTERWEGS TEILEN

© SER BORAKOVSKYY / SHUTTERSTOCK

Jeder möchte seine Reise bei Freunden und Familie im besten Licht erscheinen lassen, aber wenn jedes Erlebnis supertoll ist und jede Begegnung so viel intensiver und aufregender als zu Hause, wird das Publikum bald das Interesse verlieren. Diese Tipps können dafür sorgen, dass die Adressaten dabeibleiben möchten.

Die Realität teilen

Es ist leicht, die Tage zu schönen und nur das Positive zu berichten, aber Freunde und Familie wollen das Echte erfahren, nicht nur die Instagram-Highlights. Teilen Sie die Höhen und Tiefen, und das unterstützende Netzwerk fühlt sich einbezogen und bereit, mit Ihnen durch gute und schlechte Zeiten zu gehen.

Gesehen und gehört werden

Textnachrichten, E-Mails und Posts haben ihren Platz, können aber nicht die Kommunikation ersetzen, bei der man sich sieht. Nutzen Sie auch Videoanrufe wie Skype, WhatsApp, Google Hangouts und Apple Facetime, und telefonieren Sie ab und zu.

Persönlich schreiben

Freunde und Familie verdienen persönliche Infos, also schreiben Sie ihnen einzeln, anstatt Rundmails zu kopieren oder auf Posts zu verweisen. Eine gelegentliche Postkarte zeigt dem anderen, dass man an ihn denkt.

Sich oft melden

Man muss nicht jeden Tag oder jede Woche von sich hören lassen, aber ein regelmäßiger Kontakt gibt den Leuten zu Hause ein gutes Gefühl. Sagen Sie Bescheid, wenn Sie umziehen oder weiterziehen und auf jeden Fall, wenn Sie einige Zeit nicht erreichbar sind.

Das Leben zeigen, nicht die Sehenswürdigkeiten

Um Ihre Lieben zu Hause mit auf Ihren Trip zu nehmen, zeigen Sie ihnen den Alltag der Reise – wo Sie wohnen, was Sie essen, die neuen Bekannten, wie Sie von Ort zu Ort kommen.

Die anderen sind auch wichtig

Wenn es immer nur um einen selbst geht, wendet sich jedes Gegenüber bald ab. Geben und nehmen ist wichtig, fragen Sie auch, was zu Hause geschieht.

TOP TIPP

»Wenn man Fotos teilt, machen Details sie persönlich. Ein Bild Ihrer Füße mit den Bräunungsstreifen der Sandalen, ein Schnappschuss des alten Mannes am Hafen, der gegrillte Fisch-Sandwichs verkauft und Ihre Wünsche schon kennt, ergeben einen lebendigeren Eindruck Ihres Lebens, als endlose Fotos von Tempeln und Sehenswürdigkeiten.«

Joe Bindloss, Reiseautor

10 APPS

DAMIT SIE UNTERWEGS VERBUNDEN BLEIBEN

Wahrscheinlich brauchen Sie keine App für die Garzeit des Huhns auf dem Barbecue, aber um mit den Lieben zu Hause in Kontakt zu bleiben, sind Apps die Wahl der Stunde. Hier sind die wichtigsten.

1 Instagram
www.instagram.com

Leicht zu benutzen und sofort online, ist die bildliche Wirkung von Instagram kaum zu schlagen. Allerdings fehlt hier der persönliche Touch, daher sollte es nicht die einzige Kommunikationsart sein.

2 WhatsApp
www.whatsapp.com

Mit WhatsApp kann man Foren einrichten, auf denen man Erlebnisse beider Seiten austauscht – nur mit Freunden und Familie oder mit einer ausgewählten Gruppe.

3 Facebook
www.facebook.com

Alt, aber immer noch gut, wenn es einem nichts ausmacht, etwas Privatsphäre preiszugeben. Mit vielen Tools, die es einfach machen, seine Erlebnisse mit allen zu teilen, mit denen man verbunden ist.

4 Skype
www.skype.com

Der Pate der Internet-Telefonie und noch immer eine der benutzerfreundlichsten Apps, um über das Internet umsonst zu telefonieren. Macht aus dem Handy einen Kommunikator im Star-Trek-Stil.

5 Viber
www.viber.com

Konkurrent von Skype, bietet freie Anrufe und Messaging übers Web mit dem Bonus vom Teilen von Bildern und Videos. Anrufe auf Festnetztelefone oder Handys gehen auch, kosten aber.

6 Tripcast
www.tripcast.com

Hier kann man jeden Schritt der Reise teilen, Fotos posten, Orte markieren und Menschen einladen, einem zu folgen. Es wird in Echtzeit hochgeladen, so können andere die Reise Moment für Moment miterleben.

7 Livetrekker
www.livetrekker.com

Erwecken Sie Ihren Trip mit einem Multimedia-Tagebuch mit Bildern, Video, Audio und Text zum Leben, damit die Zuhause-Gebliebenen ihn im Sessel miterleben können.

8 Rebtel
www.rebtel.com

Internet-Telefonate sind von einem schnellen Internet abhängig; das umgeht Rebtel mit der Verbindung über lokale Telefonanbieter. Man kann Telefonpläne mit bestimmten Zielorten für viele Orte in der Welt kaufen.

9 TripIt
www.tripit.com

Neben dem Speichern von Reiserouten informationen kann man mit TripIt seine Pläne mit Leuten zu Hause teilen – perfekt für nervöse Partner, die genau nachverfolgen wollen, wo man sich befindet.

10 Touchnote
www.touchnote.com

Etwas für technikaffine Reisende, die es schätzen, wenn man etwas in den Händen halten kann. Man lädt Fotos hoch, die als Postkarten versandt werden, meist für einen geringeren Preis, als wenn man normale Briefpost ins Ausland verschickt.

DIE SPRACHE LERNEN

Um irgendwo wirklich anzukommen, ist die erste Regel Kommunikation. Auch wenn man das digitale Business mit dem Herkunftsland abwickelt, hilft eine Grundkenntnis der Sprache bei der Logistik im Ausland. Zudem fühlt man sich verwurzelter und der neuen Gemeinschaft stärker zugehörig.

Sich in dem Land aufzuhalten, dessen Sprache man lernt, hat Vorteile. Man lernt auch durch praktische Anwendung – indem man mit den Menschen spricht, anstatt auf ein Whiteboard in einem Kursraum zu starren. Man bekommt die Syntax und Grammatik viel schneller in den Griff, wenn man sie jeden Tag anwendet anstatt nur jeden Dienstag eine Stunde.

Sie können es mit einem Online-Kurs versuchen – es gibt Hunderte Apps und Websites, die schnelle Ergebnisse bei wenig Mühe versprechen –, aber durch persönlichen Austausch werden Sie besser vorankommen. In den meisten bei Nomaden beliebten Städten gibt es alle Arten Kurse, die auf internationale Reisende zugeschnitten sind. Dabei eröffnen sich vielleicht auch neue Geschäftsmöglichkeiten, zum Beispiel das Sprachenlehren.

WORAUF ES BEI EINEM SPRACHKURS ANKOMMT

Wo viele Reisende zusammenkommen, findet man leicht einen Kurs. Suchen Sie in Zeitschriften und Websites für Reisende und Expats, Anzeigen in Colleges und Universitäten oder auf CourseFinders (www.coursefinders.com). Folgendes ist wichtig:

★ Kleine Gruppen oder ein gutes Lehrer-Schüler-Verhältnis
★ Interaktives Lernen, kein reiner Frontalunterricht
★ Klar definierte Lernziele
★ Individuell zugeschnittene Kurse
★ Gutes Feedback ehemaliger Schüler
★ Anerkennung internationaler Institute

SHORTCUT APPS

Es ist nicht verwerflich, diese bewährten Übersetzungs-Apps zu benutzen, um herauszufinden, wie der Satz »Wo ist der nächste WLAN-Hotspot« in der Landessprache heißt:

Google Translate https://translate.google.com
Genauso effektiv wie die Online-Version, mit Handschrifterkennung und einem kamerabasierten Decoder, perfekt für Schilder und Speisekarten.

TripLingo
www.triplingo.com
Gut zum Verständnis der Nuancen einer Sprache, mit alternativen Übersetzungen und Slang. Die Basisversion ist gratis, für eine monatliche Gebühr gibt es das ganze Potenzial.

iTranslate
www.itranslate.com
50.000 iTunes-Nutzer können nicht irren! Die sehr beliebte freie Version hat viele Features, die Version mit Gebühr enthält eine Echtzeit-Stimmenübersetzung.

ZEHN TIPPS

GEGEN EINSAMKEIT

Was für tolle Reiseerfahrungen man auch macht oder wie gut das Business floriert, niemand – auch kein Nomade – ist eine Insel. Hier sind ein paar Tipps gegen Einsamkeit, während man auf der Informations-Autobahn unterwegs ist.

1 AN SEINE MOTIVATION DENKEN

Sie hatten gute Gründe, auf die Reise zu gehen, also konzentrieren Sie sich auf all die Möglichkeiten als digitaler Nomade, um gegen den Reiseblues anzugehen. Vielleicht hilft eine Liste mit all dem, was Sie motiviert hat, und mit den Vorteilen, die man als ortsunabhängig Arbeitender hat.

2 VERWÖHNEN SIE SICH

Niemandem tut es gut, immer nur zu arbeiten. Gönnen Sie sich zwischendurch kleine Belohnungen: ein Luxusessen, einen Tag am Strand oder im Wellnesscenter, einen Kinobesuch. Wenn Sie sich von der Arbeit ausgelaugt fühlen, nehmen Sie eine kleine Auszeit oder übernachten Sie ein paar Tage in einem schönen Hotel, um Ihre Batterien wieder aufzuladen. Sie werden erfrischt und belebt zurückkommen.

© EPICUREAN / GETTY IMAGES

3 KLEINE ABENTEUER

Einsamkeit lässt sich besser ertragen, wenn man ein Ziel hat. Unterbrechen Sie die Arbeit mit kleinen Abenteuern – forderndes Schwimmen, Wandern im Wald, ein Anstieg zu dem Tempel auf dem Berg, die Erkundung der Umgebung mit dem Moped. Das bringt neuen Schwung.

© ILAN SHACHAM / GETTY IMAGES

4 ETWAS NEUES LERNEN

Reisen bietet viele Möglichkeiten zur Weiterentwicklung, sei es das Erlernen einer neuen Sprache oder der erste Scuba-Tauchkurs an einem tropischen Riff. Man fühlt, dass sich etwas vorwärtsbewegt, und man trifft Leute mit gleichen Interessen.

© SOFIE DELAUW / GETTY IMAGES

5 DIE ENDORPHINE ANKURBELN

Unterwegs lässt man leicht sein übliches Sportprogramm schleifen, und Mangel an Bewegung kann zu Demotivation, Lethargie und Depression führen. Nehmen Sie sich die Zeit fürs Fitnessstudio, zum Schwimmen oder Laufen, um den Körper mit natürlichen Hormonen aufzufüllen, die einen positiv und motiviert halten. Draußen bekommt man gleich noch eine antidepressiv wirkende Dosis Vitamin D.

© NOEL HENDRICKSON / GETTY IMAGES

6 DARÜBER SPRECHEN

Mit Menschen zu sprechen, die man kennt und liebt, ist die perfekte Medizin, wenn man von Einsamkeit überwältigt wird. Die meisten wären wohl gern in Ihrer Situation, und über die Höhen und Tiefen zu sprechen, kann die Perspektive wieder zurechtrücken.

7 KONTAKTE KNÜPFEN

Das erscheint selbstverständlich, aber viele Nomaden sind derart auf Ihre Aufgabe fokussiert, dass sie vergessen, Kontakt zu anderen zu halten. Treten Sie einem Verein bei, gehen Sie mit anderen auf einen Trip, reden Sie mit den Kollegen im Co-Working-Space, dann merken Sie, dass Sie nicht so allein sind, wie Sie dachten.

8 MIT EINHEIMISCHEN SPRECHEN

Reisekollegen sind nicht die einzigen Gesprächspartner. Sprechen Sie mit Einheimischen – Ladeninhabern, Hotelangestellten, Arbeitskontakten –, und es können sich viele neue soziale Kontakte ergeben. Sogar durch einen Schwatz über das Wetter kann man sich als Teil der Gemeinschaft fühlen anstatt als digitaler Einsiedler. Von Einheimischen geführte Touren findet man auf With Locals (www.withlocals.com).

9 UNTERKÜNFTE MIT KONTAKT

Ein Apartment oder Hotelzimmer garantiert maximale Privatsphäre und minimale Interaktion; viele Nomaden ziehen daher wegen der Kontakte Hostels oder Co-Living vor. Auch die Arbeitsumgebung kann Interaktion bedeuten – ein Co-Working-Space bietet mehr Gelegenheit zum Reden, als wenn man allein in seinem Zimmer arbeitet.

10 POSITIVE AUSSTRAHLUNG

Die Körpersprache hat eine große Wirkung darauf, wie andere einen wahrnehmen. Ein Lächeln und eine freundliche Art signalisieren, dass man gern mit anderen redet. Sieht man mürrisch und verschlossen aus, stößt man Leute ab, die einen sonst vielleicht gern ansprechen würden.

Unterwegs gesund bleiben

Keiner möchte krank werden. Doch noch schlimmer ist es, krank zu werden, wenn man allein und in einer fremden Umgebung ist. Und anders als bei angestellt Arbeitenden, ist für einen digitalen Nomaden ein Tag ohne Arbeit ein Tag ohne Bezahlung, was die Stimmung noch weiter trüben kann.

Ohne sein übliches soziales Netz muss man besonders sorgsam darauf achten, gesund zu bleiben, gut zu essen und für sich selbst zu sorgen, wenn man krank wird. Ein guter Anfang ist das Buch von Dr. Deborah Mills Travelling Well, ein umfassender Führer über alles, was man wissen muss, um beim Reisen gesund zu bleiben. Es ist online erhältlich unter www.thetraveldoctor.com.au.

Gute Hygiene

Mangelnde Hygiene ist der Grund für viele Krankheiten bei Reisenden. Fremde Länder haben oft niedrigere Hygienestandards als die gewohnten, vor allem bei der Essenszubereitung. Daher Vorsicht beim Essen und Trinken, und vor dem Essen die Hände mit Desinfektionsmittel oder mit Wasser und Seife reinigen. Obst und Gemüse sollte man vor dem Verzehr gründlich mit sauberem Wasser waschen und wenn möglich schälen.

Gut hydriert bleiben

In heißem Klima und großer Höhe verliert der Körper mehr Wasser als normal, achten Sie daher auf genügend Flüssigkeitszufuhr. Reisemediziner empfehlen mindestens acht Gläser Wasser am Tag – und nicht Entwässerndes wie Kaffee, Softdrinks oder Alkohol. Auf sauberes Wasser achten und zur Müllvermeidung die eigene Wasserflasche benutzen.

Respekt vor der Sonne

Menschen aus tropischen Klimazonen tun viel, um sich gegen die schädigenden Sonnenstrahlen zu schützen. In Australien sagt man »Slip, Slop, Slap« – ein Hemd überziehen, sich mit Sonnenschutz eincremen und einen Hut aufsetzen. Ihre Haut wird es Ihnen danken. In vielen Ländern wird Ihnen das Bedecken der Haut den Respekt der Einheimischen einbringen, die sich aus kulturellen und praktischen Gründen schicklich kleiden.

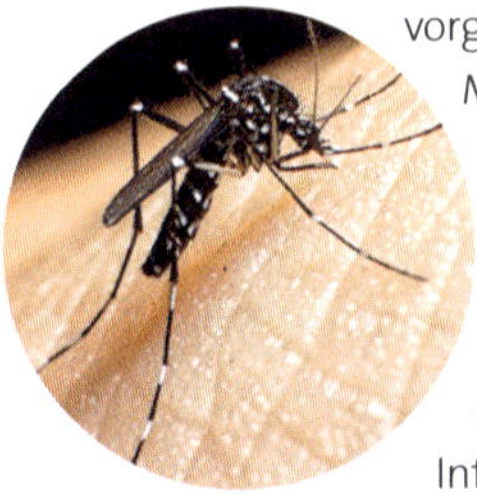

Moskitostiche vermeiden

Malaria und Dengue-Fieber sind nur zwei ernsthafte Krankheiten, die von Moskitos übertragen werden. Sorgen Sie vor, um nicht gestochen zu werden, auch wenn Sie Anti-Malaria-Tabletten nehmen. Schlafen Sie unter einem Moskitonetz, benutzen Sie ein Insektenabwehrmittel mit Diethyltoluamid (DEET) und bedecken Sie Ihre Haut mit heller Kleidung, wenn die Moskitos auf der Jagd sind. In ländlichen Gegenden ist es auch ratsam, sich gegen Zeckenbisse zu schützen.

Versicherung abschließen

Die gute medizinische Versorgung im Heimatland ist in vielen Ländern nicht Standard. Meist muss man die Behandlung sofort bezahlen, die Qualität ist nicht immer wünschenswert, und die Kosten können exorbitant sein – die Behandlung eines gebrochenen Beins kann Tausende Euro kosten, der Einsatz eines Notfallhubschraubers mehr als die Kaution für ein Haus. Schließen Sie immer eine Versicherung mit umfassender medizinischer Versorgung ab, die den Transport beinhaltet, falls die nötige Behandlung nicht vor Ort möglich ist.

Medikamente

In vielen Ländern bekommt man Medikamente ohne Verschreibung, aber manchmal waren sie nicht korrekt gelagert oder sind nicht das, was sie vorgeben zu sein. »Ich rate dringend, keine Medikamente vor Ort zu kaufen«, schreibt Dr. Deb. »Sie sind vielleicht billig, aber im Ausland Medikamente zu kaufen, heißt, am falschen Ende zu sparen. Bei Medikamenten muss man wissen, dass man das Richtige bekommt.« Mehr Informationen auf Fight the Fakes (www.fightthefakes.org).

Süße kleine Tiere

Verwilderte Hunde oder Katzen sind niedlich, haben aber auch oft Krankheiten, manchmal sogar Tollwut. »Es ist ein Mythos, dass man sich von Hunden fernhalten kann und so sicher vor Tollwut ist«, warnt Dr. Deb. »Ich habe viele Patienten behandelt, die gebissen worden sind, obwohl sie einfach nur als Touristen umhergestreift sind.« Ziehen Sie eine Impfung gegen Tollwut in Betracht, und gehen Sie sofort zum Arzt, wenn Sie im Ausland von einem Tier gebissen werden. Affen sind auch Überträger, und sie können sehr aggressiv werden, vor allem wenn es um Essen geht.

TOP TIPP

Dr. Deb (www.traveldoctor.com.au) rät allen Reisenden, diese drei wichtigen Empfehlungen zu befolgen:

1. Lassen Sie sich frühzeitig von für Reisegesundheit ausgebildeten Ärzten beraten, und lassen Sie alle nötigen Impfungen durchführen – die Krankheiten sind weitaus schlimmer!
2. Haben Sie einen Verbandskasten mit Anleitungen dabei und halten Sie die Hotline Ihrer Versicherung bereit.
3. Lassen Sie sich vor der Abreise durchchecken, auch die Zähne.

GESUNDE ERNÄHRUNG

Das Hochgefühl in einem fremden Land kann dazu führen, dass man Mahlzeiten auslässt, zu viel Genussessen konsumiert und alles vergisst, was man über ausgeglichene Ernährung weiß. Achten Sie darauf, von allen Essensgruppen etwas zu essen und vor allem viel Gemüse und Obst (geschält oder entsprechend verarbeitet, wenn Sie Sorge wegen der Hygiene haben).

Essenstipps für Reisende

Manche Gerichte anderer Küchen schmecken so gut, weil sie voller Salz, Zucker und Fette sind. Anwohner, die schlank sind, essen moderat und haben einen aktiven Lebensstil; doch dick machende Gerichte jeden Tag zu essen, ohne sein Aktivitätslevel aufrechtzuhalten, kann einen kurzfristig lethargisch und müde machen und langfristig schlimmere Folgen haben.

Wechseln Sie fettige Gerichte wie Tacos und Pizza mit Salaten, Suppen und Obst ab, und begrenzen Sie die Portionen – man muss keine riesige Portion aufessen, nur weil sie so serviert wurde. Belohnen Sie sich nicht mit Essen, sondern mit etwas anderem – einer Massage, Sport, Kino – und entwickeln Sie eine gesunde Essensroutine, anstatt jede Mahlzeit als etwas Besonderes zu betrachten, nur weil Sie nicht zu Hause sind. Auch Vegetarier zu werden (und wenn nur ein paar Tage in der Woche) ist eine gute Art, weniger Fett und mehr Ballaststoffe zu sich zu nehmen.

Trinken auf gesunde Art

Das Motto »alles in Maßen« trifft auch und gerade aufs Trinken zu. Wenn es Ihr Ziel ist, während des Reisens Geld zu verdienen, sind die Expats, die man schon nachmittags mit dem Glas Alkohol in der Hand sieht, wohl eher nicht Ihre Lifestyle-Coaches. Genießen Sie Alkohol am Ende einer harten Arbeitswoche anstatt zum allabendlichen Stimmungsmacher, und Ihre Leber und Ihr Konto werden es Ihnen danken.

Koffein gehört zur Lebenswelt digitaler Nomaden. Den ganzen Tag im Coffeeshop oder Co-Working-Space zu arbeiten, kann leicht dazu führen, dass man eimerweise Kaffee trinkt. Ersetzen Sie Ihren Flat White öfter mal durch Tee (auch durch grüne und Kräutertees), Säfte und Smoothies, dann schlafen Sie besser, sind weniger gestresst und arbeiten produktiver. Koffein ist kein Mittel gegen Müdigkeit, das ist Schlaf!

© VLADISLAV NOSICK / 500PX

© FRANTICOO / SHUTTERSTOCK

Hygiene-Grundsätze

Krankheitserreger in Essen und Getränken sind die häufigste Ursache für Reisekrankheiten. Um Magenbeschwerden zu vermeiden, essen Sie an Straßenständen nur, was frisch vor Ihren Augen zubereitet wird, und nichts, was schon länger steht. Vorsicht bei Meeresfrüchten und nicht durchgegartem Fleisch und Geflügel. Am besten nur an Ständen und in Restaurants mit vielen Kunden essen. Viele Reisende essen vegetarisch, um die Risiken bei Fleisch und Fisch zu vermeiden. Niemals Wasser aus dem Hahn trinken, wenn man nicht weiß, dass es sicher ist; sogar beim Zähneputzen mit verunreinigtem Wasser kann man sich infizieren. Trinken Sie gereinigtes Wasser aus der Flasche oder füllen Sie besser Ihre eigene Wasserflasche, um Plastikmüll zu vermeiden. Vorsicht auch bei Salaten – sie können in verunreinigtem Wasser gewaschen worden sein. Und verzichten Sie auf Eiswürfel, wenn Sie nicht wissen, ob das verwendete Wasser sauber war. Bei Eiscreme muss man sicher sein, dass sie niemals aufgetaut war und wieder eingefroren wurde.

Gesundes Sexleben

Wir sind ja hier alle erwachsen; Reiseromanzen sind Teil von Reisen, und viele lebenslange Beziehungen haben mit einer zufälligen Begegnung in einer Backpacker-Bar begonnen. Heute haben sich die Sitten gelockert, und oft gibt es zufällige sexuelle Begegnungen mit anderen Reisenden, aber auch mit Einheimischen. Es zahlt sich aus, sexuell übertragbaren Krankheiten vorzubeugen.
»Vorsicht bei Alkohol«, warnt Dr. Deb. »Er zerstört die gute Absicht, safen Sex zu praktizieren, und viele Geschlechtskrankheiten entwickeln Resistenzen gegen Antibiotika.« Nehmen Sie Verhütungsmittel von zu Hause mit, nicht immer sind die Produkte vor Ort sicher – minderwertige Kondome können reißen und das Risiko einer Schwangerschaft oder Geschlechtskrankheit erhöhen. Nicht in allen Ländern gibt es die Pille danach, und eine unerwünschte Schwangerschaft könnte das Ende Ihrer Reise bedeuten. In Entwicklungsländern gibt es nicht selten ernsthafte Erkrankungen wie HIV, Gonorrhö, Syphilis und Hepatitis B und C. Auch sind Sexualkontakte nicht die einzige Art der Übertragung. Man kann sich ebenso durch Bluttransfusionen, beim Tätowieren und durch Subkutanspritzen infizieren, daher möglichst nur bei Einrichtungen mit internationalen medizinischen Standards behandeln lassen.

GESUND DURCH SPORT

Das Leben eines digitalen Nomaden kann viel Stress verursachen, wenn man sich fragt, woher die nächste Zahlung kommen soll. Kaum etwas ist besser für die körperliche und mentale Gesundheit als Sport, der den Herzschlag 30 Minuten oder länger erhöht. Werden Sie aktiv und damit glücklicher, gesünder und bereit für neue Herausforderungen.

Ins Fitnessstudio gehen

Mit Hanteln zu reisen, geht vielleicht zu weit, aber ins nächste Gym zu gehen, ist eine gute Option – und eine gute Chance, Ortsansässige kennenzulernen. In Städten mit vielen Reisenden bieten Gyms manchmal kurzzeitige Mitgliedschaften für durchreisende Besucher an. Hotels mittlerer oder hoher Kategorie haben oft Wellnessbereiche mit ein paar Sportgeräten. Und auch in Co-Working-Spaces gibt es manchmal Fitnessbereiche.

Schwimmen

Schwimmen kann man fast überall, wo Wasser ist, aber man sollte sich vorher über Strömungen und Hygiene informieren. Findet man kein sauberes Wasser, sind Swimmingpools die Lösung. Dort bitte auf die Kleidungsregeln des Landes achten! Wenn Ihr Budget kein Hotel mit Pool zulässt – viele teure Hotels lassen auch Nicht-Gäste für eine Gebühr ihren Pool nutzen.

TOP TIPP

»Swimmingpools und Gyms vor Ort können ideal sein zum Abschalten – aber man kann sich dort auch schnell eine Pilz- oder Virusinfektion holen, Warzen, aber auch gefährliche multiresistente Staphylokokken einfangen. Tragen Sie deshalb Flipflops, um das Risiko gering zu halten.«

Joe Bindloss, Reiseautor, www.bindloss.co.uk

Laufen und Springen

Man kann immer trainieren wie in Rocky IV: Sport mit dem, was die Natur bietet. Joggen geht fast überall, vielleicht muss man seinen Zeitplan anpassen, um tropische Hitze zu umgehen. Oder man schließt sich einem Jogging-Club im Ort an – die Hash House Harriers treffen sich überall auf der Welt für einen gemeinsamen Expats-Lauf (online sucht man unter »hash house harriers« und dem Namen der Stadt). Auch wenn es altmodisch anmutet, ein Springseil ist das Sportgerät, das man sogar in sein Handgepäck bekommt.

Stretching

Yoga ist die ultimative Sportart zum Mitnehmen. Es braucht kaum Platz und kaum Geräte, erfrischt und belebt und macht einen bereit für alles, was einem auf Reisen so passieren kann. Nicht so biegsam? Wie wär es mit Tai Chi? In China versammeln sich jeden Tag Millionen Menschen aller Altersstufen in Parks und an öffentlichen Plätzen, um den Tag mit entspannenden Übungen für Körper und Geist zu beginnen.

Persönliche Sicherheit

Statistisch gesehen war Reisen nie sicherer, auch wenn es manchmal anders scheint. Leichte Informationsbeschaffung hilft Reisenden, sich von Gefahren fernzuhalten, und im Allgemeinen erhöhen sich die Sicherheitsstandards in der Welt.

Eine umfassende Reiseversicherung ist mit das Wichtigste, was man für seine Sicherheit unterwegs tun kann. Respektieren Sie die Landesgesetze, auch und besonders in Bezug auf Drogen. Wenn Sie im Ausland ins Gefängnis kommen, kann Ihre Botschaft vielleicht nicht mehr für Sie tun, als Ihnen einen Anwalt zu vermitteln.

VERBRECHEN VERMEIDEN

Einem Verbrechen zum Opfer zu fallen, ist die größte Furcht jedes Reisenden, vor allem für digitale Nomaden, deren Geschäft von ihrem Laptop abhängt.

★ Bewahren Sie gerade nicht benutzte, wertvolle Technik außer Sicht auf, und lassen Sie Laptops und Handys niemals im Café oder Co-Working-Space unbeaufsichtigt liegen.

★ Stellen Sie beim Herumlaufen nie teure Kameras, Sonnenbrillen oder Schmuck zur Schau.

★ Erschweren Sie Taschendieben das Leben – stecken Sie Handy oder Brieftasche niemals in Ihre Gesäßtasche und lassen Sie Ihre Tasche nicht aus den Augen.

★ Lassen Sie niemals etwas Wertvolles im Auto, vor allem nicht nachts, und verschließen Sie die Türen, wenn Sie den Wagen abstellen.

★ Bleiben Sie nur in Hotels mit von innen abschließbaren Türen und Fenstern; nehmen Sie keine Erdgeschosszimmer, in die man leichter einbrechen kann.

★ Achten Sie auf Brandschutz – prägen Sie sich die Fluchtwege ein und mieten Sie kein Zimmer mit vergitterten Fenstern.

★ Lassen Sie wertvolle Sachen im Hotelsafe oder in einer abgeschlossenen Tasche in Ihrem Zimmer.

★ Führen Sie Fotokopien aller wichtigen Dokumente mit – Pass, Führerschein, Bankkarten –, und senden Sie Scans davon an Ihre eigene E-Mail-Adresse.

★ Seien Sie besonders vorsichtig an Bankautomaten, und lassen Sie niemals jemanden mit Ihrer Karte außer Sicht gehen.

★ Gehen Sie weder tagsüber noch nachts durch leere Straßen.

★ Seien Sie besonders vorsichtig, wenn Sie getrunken haben. Lassen Sie Ihre Tasche in Ihrem Zimmer, wenn Sie ausgehen.

★ Verhindern Sie Internetkriminalität – siehe Seite 77.

★ Wenn Sie Opfer eines Verbrechens werden, lassen Sie sich für die Versicherung einen Polizeibericht geben.

★ Bei einem Raubüberfall geben Sie den Tätern, was sie wollen – Wertgegenstände kann man ersetzen, Sie nicht.

★ Vorsicht bei überfreundlichen Fremden, die Ihnen ein Gespräch aufdrängen wollen; das ist oft ein Diebestrick.

★ Nehmen Sie von Fremden kein Essen und keine Getränke an, sie könnten Betäubungsmittel enthalten.

★ Achten Sie auf Betrüger; Schlepper bringen Sie oft dahin, wo sie eine Provision bekommen, Taxameter sind oft »kaputt« und zu »gute« Angebote haben meistens einen Haken.

SICHERHEIT BEIM TRANSPORT

Transporte im Ausland sind für Reisende häufig ein Grund zur Sorge, aber die Risiken sind nicht so groß, wie manche vielleicht denken. Reisen mit Bus, Auto oder Schiff können gefährlicher sein als das Fliegen.

★ Für das Fliegen wählen Sie seriöse Fluglinien und vermeiden Sie solche, die international geächtet sind – auf der Seite Aviation Safety Network (www.aviation-safety.net) gibt es zu den meisten Linien Sicherheitsberichte.

★ Vorsicht bei kleineren Fluglinien; sie können kurzfristig Pleite gehen, und in dem Fall zahlt Ihre Versicherung vielleicht nicht.

★ Achten Sie auf das Wetter – in der Regenzeit oder bei Kälte im Winter kann es zusätzliche Flugrisiken geben.

★ Lassen Sie für einen Verspätungsfall immer einen guten Puffer zwischen Inlands- und Auslandsflügen, vor allem wenn die Flüge auf separaten Tickets gebucht sind.

★ Beim Mieten eines Autos im Ausland immer so viel Versicherungsdeckung abschließen, wie es geht. Selbstbeteiligungen können teuer werden.

★ Ebenso muss man bei der Automiete Schäden am Auto mitversichern und medizinische Versorgung und Schäden am fremden Auto bei einem Unfall.

★ Vorsicht bei Firmen, die beim Mieten eines Mopeds oder Motorrads einen Pass als Sicherheit haben wollen; diese bieten meist keine ausreichende Versicherung.

★ Befolgen Sie die Verkehrsregeln des Landes, einschließlich Geschwindigkeitsbegrenzungen und ungeschriebener »Regeln« wie der, dem größten Fahrzeug die Vorfahrt zu lassen.

★ Die Sicherheitsstandards für Schiffsfahrten können unfassbar niedrig sein – informieren Sie sich über die Standards der Unternehmen vor Ort und bleiben Sie nah beim Notausgang oder an Deck.

★ Planen Sie Ihre Ankunft am neuen Ziel für eine helle Tageszeit und buchen Sie am besten den Weg zur Unterkunft im Voraus, um nicht durch unvertraute Straßen gehen zu müssen.

★ Nehmen Sie immer eine Visitenkarte Ihrer Unterkunft mit, die Sie einem Taxifahrer zeigen können, falls Sie sich verlaufen.

★ Falls Sie wandern gehen oder sich abseits der üblichen Pfade bewegen, informieren Sie jemanden, wann Sie losgehen und wann Sie ungefähr zurück sein wollen.

★ Achten Sie darauf, dass Ihr Führerschein gültig ist (ein internationaler Führerschein kann erforderlich sein) und tragen Sie ihn immer bei sich.

★ Ziehen Sie in Betracht, ein Auto mit Fahrer zu mieten, dann brauchen Sie sich nicht an die Verkehrssituation des Landes zu gewöhnen.

★ Vermeiden Sie es, nachts mit dem Bus zu fahren – die Fahrer rasen oft mit hoher Geschwindigkeit.

TERRORISMUS & POLITISCHE UNRUHEN

Wenn man den Boulevardzeitungen glaubt, ist die Welt tödlich, und sicher ist man nur, wenn man zu Hause bleibt. In der Realität ist das Risiko klein, von Terrorismus oder politischen Unruhen betroffen zu sein, vor allem wenn man unsichere Gegenden meidet.

★ Lesen Sie sich vor dem Reisen immer die Sicherheitshinweise der entsprechenden Regierungsabteilungen durch – das Auswärtige Amt (www.auswärtiges-amt.de), das British Foreign und Commonwealth Office (www.gov.uk/foreign-travel-advice) und das US State Department (travel.state.gov) veröffentlichen regelmäßig aktualisierte Sicherheitshinweise für Länder in der ganzen Welt.

★ Informieren Sie sich auf Nachrichtenkanälen des entsprechenden Landes über Gewalt und Unruhen und Gegenden, die man meiden sollte. Eventuell sind diese noch aktueller als Reisewarnungen.

★ Fahren Sie nicht in Länder oder Gegenden, für die vor jeglicher Einreise gewarnt wird, Ihre Versicherung gilt hier wahrscheinlich nicht.

★ Halten Sie sich von politischen Kundgebungen, Protesten und Demonstrationen fern; es könnte schnell zu Gewalt kommen.

★ Vorsicht bei Reisen während Wahlen oder religiöser Feiertage in Ländern mit politischen Spannungen.

★ In großen Menschenmengen gilt besondere Vorsicht; um bei plötzlicher Panik nicht erdrückt zu werden, stehen Sie stabil auf beiden Beinen, verschaffen Sie sich mit den Armen Platz zum Atmen und arbeiten Sie sich zum Rand der Menge vor.

★ Reisen Sie nicht während öffentlicher Streiks – Proteste richten sich oft gegen Busse, Züge und Flughäfen, und Fahrer, die sich den Streikzielen widersetzen, können angegriffen werden.

★ Seien Sie auf Plätzen, die bei internationalen Touristen beliebt sind, und auf großen Märkten besonders wachsam; beides sind mögliche Ziele für Terroristen.

BESONDERE MASSNAHMEN FÜR FRAUEN & LGBT-REISENDE

Oft müssen Frauen und LGBT-Reisende mit zusätzlichen Risiken durch sexuelle Belästigung und Homophobie rechnen.

★ Wenn jemand Ihnen zu nahe kommt, protestieren Sie lauthals; die Aufmerksamkeit anderer kann Belästiger abschrecken.

★ Steigen Sie nie in ein Taxi, wenn darin noch jemand anderes sitzt; oft ist es sicherer, ein Taxi übers Telefon zu bestellen, als eines auf der Straße anzuhalten.

★ Informieren Sie sich über Gesetze und die Einstellung zu gleichgeschlechtlichen Beziehungen; in manchen Ländern riskieren Paare Gewalt oder Gefangennahme.

★ Orientieren Sie sich an den Kleidungsregeln der Einheimischen, vor allem auf dem Land.

SECHS APPS FÜR DIE SICHERHEIT

Für die Sicherheit im Ausland ist Ihr Handy ein hilfreicher Verbündeter. Außer dem Wählen des Notrufs kann man alle möglichen Apps herunterladen, die die Reise sorgenfrei machen. Nehmen Sie die örtliche Notfrufnummer in Ihr Adressbuch auf, besorgen Sie sich eine lokale SIM (oder ermöglichen Sie Roaming) und haben Sie ein batteriebetriebenes Ladegerät dabei, damit Ihr Handy immer aufgeladen ist.

BSafe (www.getbsafe.com)
Erstellt ein Netzwerk mit Notfallkontakten und informiert diese automatisch im Notfall oder beim Drücken des Alarmknopfs. Ein stimmenaktivierter Alarm löst eine Tonaufzeichnung aus und sendet sie an die Kontakte.

ICE – In Case of Emergency (Sylvain Lagache)
Speichert alles über Ihren medizinischen Zustand, Ihre Ärzte und Versicherungsverträge auf dem Lock Screen, auch bei gesichertem Handy einsehbar.

CDC Apps (www.cdc.gov)
Travwell, eine von vielen nützlichen CDC-Apps, speichert Gesundheitsempfehlungen zu Ihrer Reise (mit lokalen Notfallnummern), Ihre Krankheiten und Impfungen und funktioniert online und offline.

CityMapper (www.citymapper.com)
Sichere Reiseempfehlungen, darunter Ridehailing-Apps für viele Städte weltweit.

SmartTraveler (http://travel.state.gov)
Die aktuellsten Reiseempfehlungen der US-Regierung in einer praktischen Database.

Offline Survival Manual (Ligi)
Dieses digitale Handbuch enthält zahlreiche Tipps zu Survival-Fähigkeiten, darunter das Bauen eines Unterstands, das Erkennen giftiger Pflanzen und Wissenswertes über Militärmedizin.

Die Rückkehr planen

Am Beginn der Reise stellt man sich vielleicht vor, für immer digitaler Nomade zu sein. Aber auf der Straße des Lebens kann viel passieren. Vielleicht vermisst man seine Freunde und die Stabilität des Zuhauses zu sehr. Vielleicht ist das Geld alle. Vielleicht verliebt man sich. Es gibt tausend unterschiedliche Gründe, warum man entscheiden kann, dass dieser Weg zu Ende ist. Daher ist es gut, einen Plan zu haben, wie man aus dem unabhängigen Leben wieder aussteigt.

Die Rolle des Geldes

So wie man anfangs Rücklagen brauchte, um das Leben als digitaler Nomade zu starten, braucht man ein finanzielles Polster für die Rückkehr in das Leben zu Hause. Wahrscheinlich sind die Kosten dort jetzt höher als bei Ihrer Abreise, daher sollte Ihre Nomadenbasis jetzt sehr billig sein und wenig Ablenkung bieten, sodass Sie länger arbeiten, produktiver sind und weniger von dem Geld ausgeben, das Sie für Ihre Reintegration brauchen.

Unterschätzen Sie nicht die Zeit, die das dauern wird. Genug für eine stressfreie Rückkehr zu sparen, kann ein dreimonatiges, sechsmonatiges oder auch jahrelanges Unternehmen bedeuten, ohne einige der Vorteile, an die Sie sich gewöhnt haben. Sehen Sie dies als eine geschäftliche Entscheidung, konzentrieren Sie sich auf das Ziel, zu Hause einen ebenso angenehmen Lebensstil zu haben wie während Ihrer Reise.

© KANE C. ANDRADE / EYEEM / GETTY IMAGES

Lebenshaltungskosten

Überlegen Sie, wie Sie die Kosten niedrig halten können, bis Ihre Situation finanziell stabil ist. Einen Job zu finden, bevor Sie nach Hause fliegen, wäre ideal, aber das kann dauern. Vielleicht müssen Sie zuerst ein digitaler, selbstständiger Nicht-Nomade werden, während Sie etwas Permanentes suchen. Neben den höheren Lebenshaltungskosten werden Steuern und alle möglichen Gebühren zu zahlen sein. Unterschätzen Sie nicht, wie viel Geld Sie anfangs brauchen werden.

Die Unterkunft ist wahrscheinlich der teuerste Posten, überlegen Sie, wie Sie ihn niedrig halten können. Könnten Sie während Ihrer Arbeitssuche Couchsurfing machen oder bei Verwandten unterkommen? Ein Zimmer in einer Wohngemeinschaft ist billiger als eine ganze Wohnung, und ein Bonus dort sind Menschen, mit denen Sie reden können, während Sie sich an eine Welt gewöhnen, wo Sie möglicher Langeweile nicht damit trotzen können, dass Sie weiterziehen.

Zurück zur Arbeit

Überlegen Sie, wie Sie Ihre Zeit als digitaler Nomade

TOP TIPP

»In ein sesshaftes Leben zurückzukehren, kann ein Schock sein, gehen Sie genauso fokussiert daran wie an den Anfang Ihrer Reise. Wichtig sind genug Geld für die erste Zeit und ein Plan, wo Sie wohnen werden und was Sie zu tun gedenken, um Geld zu verdienen.«

Joe Bindloss, Reiseautor, www.bindloss.co.uk

in Bewerbungsgesprächen darstellen. Unterwegs erworbene Fähigkeiten, gelernte Lektionen und gewonnene Weisheit können ein Vorteil gegenüber Bewerbern mit traditioneller Karriere sein. »Seien Sie darauf vorbereitet, Fragen nach Ihrer Zeit im Ausland zu beantworten«, rät Laura Holden, Kommunikationsredakteurin bei Reed Online (www.reedglobal.com). »Stellen Sie dar, wie Ihre Erfahrung Sie weitergebracht hat und wie Ihr neuer Arbeitgeber davon profitieren kann. Überlegen Sie sich auch gut, wie Sie Ihren Schritt vom ›digitalen Nomaden‹ zu einer eher traditionellen Karriere begründen. Die meisten Arbeitgeber werden die Versicherung hören wollen, dass Sie auch unter diesen Bedingungen arbeiten können und nicht bald wieder Fernweh bekommen.«

Tipps für die Jobsuche

Nehmen Sie Ihren Lebenslauf mit auf die Reise und aktualisieren Sie ihn im Laufe der Zeit mit neuen Fähigkeiten und Leistungen. Bevor Sie sich auf den Heimweg machen, nutzen Sie Ihr Netzwerk zum Eruieren von Jobmöglichkeiten zu Hause.

Firmen, für die Sie unterwegs als Freelancer gearbeitet haben, können auch andere Stellen für Sie haben – fragen Sie nach. Nutzen Sie alle Möglichkeiten der Jobsuche – Stellenangebote im Internet, LinkedIn (**www.linkedin.com**), Websites mit Arbeitsangeboten wie Reed, Indeed (**www.indeed.com**), CareerBuilder (**www.careerbuilder.com**) und Monster (**www.monster.com**). Machen Sie auf Ihrer Internet- und Social-Media-Präsenz deutlich, dass Sie frei sind und Arbeit suchen.

Sich wieder integrieren

In den ersten Wochen werden Freunde und Familie bestimmt sehr gern von Ihren Reisen und Abenteuern hören, aber seien Sie sicher, dass das Interesse bald nachlässt. Lassen Sie sich den Prominentenstatus als zurückgekehrter verlorener Sohn (oder verlorene Tochter) nicht zu Kopf steigen. Was die anderen in der Zwischenzeit getan haben, verdient genauso viel Redezeit wir Ihre Erzählung vom Besteigen des Kilimandscharo. Bereiten Sie sich darauf vor, dass einige Beziehungen die Zeit vielleicht nicht überdauert haben. Manche Freunde sind weitergezogen oder haben anderswo ein neues Leben angefangen. Höchstwahrscheinlich werden Sie das Netzwerk an Unterstützern, das Sie zurückgelassen haben, nicht mehr genauso vorfinden. Nutzen Sie die auf Nomadentreffen verfeinerte Fähigkeit, neue Freundschaften und Geschäftsbeziehungen zu knüpfen.

TOP ZIELE FÜR DIGITALE NOMADEN

Canggu, Bali, Indonesien

Canggu ist der Ort, von dem aus sich das digitale Nomadentum verbreitet hat, und noch immer steht er ganz oben auf der Liste reisender Freelancer, für die warmes Wetter, schnelles Internet, Kokosnüsse in Hülle und Fülle und ein Co-Working-Space mit Pool den Ausschlag geben. Hinzu kommen viele billige Häuser zur Miete, fantastisches Essen und eine lässige, vollkommen auf Reisende eingestellte Lebensart. Den Reiz dieses Ortes sieht jeder.

Pro & Kontra

PRO:

★ Sozialleben
★ Freizeitaktivitäten
★ Networking-Gelegenheiten
★ Essen und Coffeeshops
★ Billiges Wohnen

KONTRA:

★ Wenig authentische lokale Kultur
★ Wenig Ruhe
★ Viel Trubel
★ Wenige kurzfristig verfügbare Co-Working-Spaces
★ Regentage

Praktisches

Ngurah Rai International Airport, Denpasar

LGBT-freundlich
Ja

Schnelle Fährverbindung von Bali nach Lombok, Java und den Gili-Inseln.

Von April bis Juni sind die Tage trocken und die Temperaturen hochsommerlich, im August steigen die Preise. Die Regensaison von September bis März bietet viel Grund, um im Co-Working-Space zu bleiben; manche ziehen in den Regenmonaten in trockenere Teile der Welt um.

Lebenshaltungskosten: Ab 900 Euro pro Monat

Es waren Reisende, die eigentlich zum Surfen herkamen und dann die Idee hatten, hier auch zu arbeiten und zwischendurch die Strandpausen zu genießen. Canggu erkannte seine Chance, schuf viele Arbeitsmöglichkeiten und noch mehr Gelegenheiten für Freizeitgestaltung in den nahe gelegenen Orten Kuta, Seminyak und Ubud. Canggu ist zweifellos einer der weltweit entspanntesten Orte zum Arbeiten, mit einem Angebot von Yoga vor und Surfen nach der Arbeit, bevor man sich am Jimbaran Beach zum Schwertfisch-Abendessen niederlässt.

Doch trotz aller Annehmlichkeiten führt die allgemein spürbare Fokussierung der Anwohner auf die Besucher dazu, dass manch digitaler Nomade sich nach mehr Kultur und lokalem Flair sehnt. Und so stiehlt das in den hügeligen Reisterrassen gelegene Ubud dem Strandort Canggu allmählich die Schau. Es ist authentischer und weniger hedonistisch, und die Transportverbindungen sind gut. Viele Nomaden teilen ihre Zeit zwischen Ubud und Canggu auf – ein bisschen so, als hätte man ein Haus in den Bergen und eine Eigentumswohnung am Meer.

CO-WORKING-SPACES

- ★ Ein für Nomaden legendärer Ort, **Dojo Bali** (www.dojobali.org), bietet Monatspakete und Tagespässe mit vielen Internetverbindungen unterschiedlicher Provider, sodass man sich keine Sorge um seinen Internetzugang machen muss. Es gibt ein Café und einen Pool, und **Dojo Bali** liegt nur Minuten vom Strand entfernt und ist 24/7 geöffnet.
- ★ Die ruhige Umgebung und die ergonomische Bestuhlung von **Outpost Canggu** (www.destinationoutpost.co/location/canggu) wird von digitalen Nomaden als produktivitätsfördernd geschätzt. Wie in anderen Spaces in Canggu gibt es Klimaanlage, ein Café und einen Pool und an sieben Tagen in der Woche 24 Stunden verlässliche, schnelle Internetverbindung. Außerdem wird Co-Living angeboten.

WOHNMÖGLICHKEITEN

Hotels, Hostels und Resorts gibt es in Hülle und Fülle, aber die meisten digitalen Nomaden ziehen es vor, ein Haus oder Kos (kleines Apartment) zu mieten. Angebote findet man z. B. auf den Facebook-Gruppen **Bali Canggu Housing und Accommodation** (www.facebook.com/groups/1380848555535084) und **Canggu Community House** (www.facebook.com/groups/746999628699757). Billiges und gesundes Essen gibt es überall. Verpassen Sie nicht das fantastische Street Food der Insel – mit Kokosnuss verfeinerte Saté Lilit (gegrillte Fleischspieße) sind eine leckere Spezialität – und die köstlichen Meeresfrüchte, frisch am Strand serviert. Mit Bus, Bemo (Minivan) oder Taxi kommt man über die Insel, oder man mietet einen Scooter.

©JOYFULL / SHUTTERSTOCK

Vorherige Seite: Canggu Beach; Links: Sonnenaufgang in Canggu; Gegenüber: Reisterrassen in Tegallalang

NETWORKING

- ★ **Digital Nomads Bali** (www.facebook.com/groups/553237938183702)
- ★ **Canggu Entrepreneurs & Digital Nomads** (www.facebook.com/groups/1189122534499703)
- ★ **Bali Digital Nomads** (www.facebook.com/groups/balidigitalnomads)

ZUM LESEN VOR DER ABREISE

✶

Lonely-Planet-Reiseführer *Bali, Lombok und Nusa Tenggara*

✶

Ein Haus in Bali von Colin McPhee

✶

Liebe und Tod auf Bali von Vicky Baum

✶

A Little Bit One O'Clock: Living with a Balinese Family von William Ingram

© EDMUND LOWE PHOTOGRAPHY / SHUTTERSTOCK

INTERNET-GESCHWINDIGKEIT

Schnell, und wird schneller, hängt aber vom Ort ab; in Cafés etwa Downloadgeschwindigkeit von 2 MBit/s, in Co-Working-Spaces hundertmal so viel. Dort meist auch Back-up-Generatoren für Balis regelmäßige Stromausfälle.

Zum Entspannen

Die Breaks von Balis Südwestküste surfen – ernsthafte Surfer schätzen Ulu Watu, Padang Padang, Balangan und andere Bereiche im Süden mehr als die beliebten Anfänger-Breaks in Kuta, Seminyak und Legian.

—

Tagestrip nach Ubud – der Strandszene entfliehen, in tropischen Hügeln wandern, traditionelle Tänze anschauen und im Spa oder beim Yoga entspannen.

—

Insel-Hopping nach Nusa Lembongan – das entspannte Bali, das man sich vorgestellt hat, mit guten Surf- und Tauchmöglichkeiten und billigen Zimmern am Strand.

OFS

Lissabon, Portugal

Die portugiesische Hauptstadt ist nahe daran, das Silicon Valley am Tejo zu werden. Google ist nur eine der großen Tech-Firmen, die hier eine Niederlassung haben und damit für Internetexperten gute Möglichkeiten bieten. Als Großstadt lockt Lissabon digitale Nomaden an, für die sowohl Arbeit als auch vielfältige Freizeitmöglichkeiten wichtig sind. Hier gibt es sehr viele tolle und erschwingliche Orte zum Essen, Trinken und Feiern, wenn einem danach ist.

Praktisches

Lisbon Portela Airport, Lissabon

LGBT-freundlich Ja

Aus ganz Europa fahren Züge und Busse nach Lissabon.

Frühling (März–Mai) und Herbst (September–Oktober) sind optimal, mit milden Temperaturen und ruhigeren Straßen; im extrem heißen Sommer ist Lissabon voller Touristen. Viele Nomaden ziehen im kalten und ruhigen Winter anderswohin.

Lebenshaltungskosten: Ab 1000 Euro pro Monat

Pro & Kontra

PRO:

★ Gemeinschaftssinn
★ Tech-Möglichkeiten
★ Billiges, leckeres Essen
★ Warmes Wetter
★ Hohe Lebensqualität

KONTRA:

★ Fehlende nächtliche Ruhe
★ Einsamkeit
★ Teure Wohnpreise
★ Wenig Vielfalt
★ Teure Flüge in andere Länder

Was vielen Nomaden an Lissabon am besten gefällt, ist der Gemeinschaftssinn unter Freelancern. Die Lissaboner Digital Nomads Facebook-Gruppe (www.facebook.com/groups/532696873566509) hat fast 11.000 Mitglieder und organisiert wöchentliche Treffen für Networking, Gespräche, Essen oder einfach zum Entspannen bei einem kühlen Bier oder einem Glas Ginjinha (Kirschlikör). Viele Co-Working-Spaces bieten Co-Livings an, und in fast allen gibt es Meetups.

Und dann ist da der Lebensstil. Trotz seiner technologischen Ambitionen ist Lissabon eine der menschenfreundlichsten Städte Europas. Die Stadt breitet sich in einem Gewirr von Pflastersteinstraßen über sieben Hügel aus, viele Häuser beeindrucken durch die wohlgefällige, neoklassizistische Pombaline-Architektur. Verschlafene Seitensträßchen füllen sich vom späten Abend bis zum frühen Morgen mit Leben, und am Tag servieren Cafés mit schnellem WLAN den geschäftigen Lissabonern den leckeren Bica (Espresso).

CO-WORKING-SPACES

★ **Heden** (www.heden.co) auf einem geschäftigen Platz in Graça bietet viel Raum zum Denken. Die bei Developern beliebten Arbeitsplätze teilen sich den Ort mit Künstlerateliers. Viel Platz zum Reden und für Veranstaltungen ermöglicht ein reizvolles, kreatives Crossover.

★ In manchen Co-Working-Spaces kommt man sich wie in einem Ikea-Showroom vor, nicht so im **Workhub Lisboa** (www.workhub.pt), untergebracht in dem alten Abel-Pereira-da-Fonseca-Weinlager und gelegen in dem aufstrebenden Viertel Poco do Bispo. Die Internetverbindung ist superschnell, es gibt einen gemütlichen Entspannungsraum und monatlich zu mietende Tische und Privatbüros.

WOHNMÖGLICHKEITEN

Hotels und Pensionen gibt es überall, aber die meisten digitalen Nomaden mieten Apartments, Zimmer oder Co-Living-Unterkünfte – bequem angebunden an die vielen Co-Working-Spaces der Stadt. Airbnb bietet viele Unterkünfte an, doch durch die Nachfrage von Touristen ist es oft einfacher, ein Zimmer über Kontakte mit Leuten zu finden, die man bei Nomaden-Meetups oder Facebook-Gruppen kennengelernt hat. Durch die Stadt kommt man gut mit Bussen und Straßenbahnen, und preiswert essen kann man in den ***tascas*** – familiengeführten Restaurants, die, je nachdem was gerade im Angebot ist, wechselnde Tagesgerichte servieren.

Vorherige Seite: Bica Funicular; Links: Mercado da Ribiera; Gegenüber; Museu de Arte, Arquitetura e Tecnologia

NETWORKING

★ **DigitalNomads.pt** (www.digitalnomads.pt)

★ **Lisbon Digital Nomads** (www.facebook.com/lisbondigitalnomads)

★ **Lisbon Digital Nomads Public Group** (www.facebook.com/groups/532696873566509)

ZUM LESEN VOR DER ABREISE

★

Lonely-Planet-Reiseführer ***Portugal*** und ***Pocket Lisbon***

★

Nachtzug nach Lissabon von Pascal Mercier

★

Das Todesjahr des Ricardo Reis von José Saramago

★

Tod in Lissabon von Robert Wilson

INTERNET-GESCHWINDIGKEIT

WLAN gibt es überall in Lissabon, auch in den meisten Cafés, und Downloadgeschwindigkeiten von 25 MBit/s oder mehr sind Standard. 4G-Empfang ist in der Stadt sehr verbreitet, 5G wird in Kürze installiert werden.

© RADU BERCAN / SHUTTERSTOCK

Zum Entspannen

Die ganze Nacht (und vielleicht noch den frühen Morgen) auf einer Straßenparty in Cais do Sodré oder Bairro Alto verbringen – das Festa do Santo António (auch Sardinenfestival) am 12. Juni ist eines von Portugals größten öffentlichen Vergnügungen.

—

Dem Stadttrubel entfliehen und surfen, schwimmen oder sonnenbaden in Costa de Caparica, Nazarè oder Peniche, alle in etwa eineinhalb Stunden mit dem Bus erreichbar.

—

Frische Luft tanken in Lissabons Gartenlaube, dem Parque Forestal de Monsanto, ein wieder aufgeforsteter Wald an den Rändern der Stadt. Er ist von Wanderwegen durchzogen und bietet großartige Aussichten auf die Stadt.

CHÙA AN LẠC
DRAGON
Pharmacity
Tiger
Discount 30%
51F-542.32

Ho-Chi-Minh-Stadt, Vietnam

Während Hanoi wild und bunt ist, stürmt Ho-Chi-Minh-Stadt auf einer Tech-Entwicklungswelle ins 21. Jahrhundert. Wolkenkratzer schießen in die Höhe, an jeder Ecke tauchen neue Start-ups auf, und Richard Branson beschreibt die Stadt wegen seiner hochmotivierten, erstklassig ausgebildeten Tech-Arbeitskräfte als das nächste Silicon Valley. Sogar eine hier entworfene Saigon Silicon City ist im Bau – in Bezirk 9 am östlichen Stadtrand.

Pro & Kontra

PRO:

★ Köstliches Essen
★ Niedrige Lebenshaltungskosten
★ Viel Kultur
★ Alles-geht-Haltung
★ Coffeeshops

KONTRA:

★ Menschenmengen
★ Luftverschmutzung
★ Straßenkriminalität
★ Viel Verkehr
★ Wenig Gemeinschaftssinn

Praktisches

Tan Son Nhat International, Ho-Chi-Minh-Stadt

LGBT-freundlich
Ja

Von Nordvietnam fahren Züge nach Ho-Chi-Minh-Stadt, und von hier aus Busse nach Phnom Penh in Kambodscha.

Von Dezember bis März ist Südvietnams Trockenzeit, aber es ist extrem heiß und zum Tet Festival (Januar oder Februar) wird die Stadt chaotisch. Die Regensaison (Mai bis September) bringt hohe Luftfeuchtigkeit und beginnt mit einem Schwall brutaler Hitze.

Lebenshaltungskosten: Ab 800 Euro pro Monat

Köstliches Street Food, billige Unterkünfte und weit verbreitetes Highspeed-WLAN sind Pluspunkte für digitale Nomaden, dazu eine Großstadtatmosphäre, in der man 24 Stunden am Tag einfach alles bekommt. Viele Co-Working-Spaces sind jedoch bei ansässigen Freelancern genauso beliebt wie bei Nomaden, und es herrscht nicht der gleiche Gemeinschaftssinn wie in angesagteren Expat-Zentren wie Chiang Mai oder Canggu.

Fans von HCMC lieben die Stadt wegen ihres Enthusiasmus, ihrer Start-up-Mentalität und ihrer durchgestylten Coffeeshops, die Kaffee in französischem Stil servieren. Nachteile sind die Motorrad-Verkehrsstaus, die Luftverschmutzung und die tropische Hitze. Wenn man in der Stadt nicht gut arbeiten kann, ziehen sich Nomaden in die ruhigeren Gegenden des Mekong-Deltas und in entspannte Orte wie Phu Quoc Island mit seinen Stränden, Tauchmöglichkeiten und seinem grünen Regenwald zurück.

CO-WORKING-SPACES

- ★ Ho-Chi-Minh-Stadts beliebtester Co-Working-Space **Dreamplex** (www.dreamplex.co) liegt im Bezirk 1 (dort gibt es noch einen und zwei weitere im Binh-Thanh-Bezirk), hat schnelles Internet und eine ernsthafte Geschäftsatmosphäre; etwas für Nomaden, die vor allem auf Arbeit fokussiert sind.
- ★ Eine gemeinschaftlichere Atmosphäre hat **Spiced Co-Working** (www.start-saigon.com) im Bezirk 2 in einer Gegend, in der viele Zimmer vermietet werden. Im diesem Co-Working-Space finden regelmäßige Networking-Mittagessen und soziale Treffen statt, es gibt Co-Living-Unterkünfte und einen Pool.

WOHNMÖGLICHKEITEN

Die meisten digitalen Nomaden wohnen zentral in den Bezirken 1 und 3, während etabliertere Expats eher die Bezirke 2 und 7 vorziehen. Hauptsächliche Nomadenunterkünfte sind Apartments zur Miete, die in zentraler Lage teuer sein können. Auch Hausgemeinschaften sind beliebt, doch dann muss man für Ruhe zum Arbeiten meist in Coffeeshops oder Co-Working-Spaces gehen. Bei Vietnams tollem Street Food möchte man so oft wie möglich draußen essen. Zur Fortbewegung gibt es mit Uber und Grab billige Alternativen zu den lokalen Taxis, oder man schwingt sich wie die Einheimischen auf ein Motorradtaxi.

© JINDOWIN / SHUTTERSTOCK

Vorherige Seite: Ho-Chi-Minh-Stadt; Links: Bai Sao Beach, Phu Quoc; Gegenüber: Ho-Chi-Minh-Stadt Stadtskyline

NETWORKING

- ★ **Saigon Digital Nomads** (www.facebook.com/groups/saigonnomads)
- ★ **Expats in Ho Chi Minh City** (www.facebook.com/groups/expatshcmc)
- ★ **Ho Chi Minh City Expats** (www.facebook.com/HCMCExpats)

ZUM LESEN VOR DER ABREISE

★

Lonely-Planet-Reiseführer *Vietnam*

★

Der stille Amerikaner von Graham Greene

★

Saigon: An Epic Novel of Vietnam von Anthony Grey

★

Der Sympathisant von Viet Thanh Nguyen

© JETHUYNH CAN / GETTY IMAGES

INTERNET-GESCHWINDIGKEIT

Schnelles Internet findet man in Ho-Chi-Minh-Stadt dank hoher Investitionen aus Singapur leicht. Üblich sind Downloadgeschwindigkeiten von 25 MBit/s. Das versprochene stadtweite WLAN gibt es noch nicht, aber billige SIM-Karten für 4G.

Zum Entspannen

Durch Chinatown schlendern – der Bezirk Cholon fünf Kilometer südwestlich des Stadtzentrums bietet fantastische chinesische Aromen, geschäftiges Gewimmel und kunstvoll verzierte Pagoden in versteckten Hinterhöfen.

—

Auf Delta-Tour gehen – die grünen, mit Reisfeldern bedeckten Feuchtgebiete des Mekong Delta lohnen die Entdeckung; mit einer organisierten Tour oder selbstständig mit Bus und Boot oder mit einem gemieteten Motorrad.

—

Wochenendausflug zum Strand von Phu Quoc – VietJet Air und Jetstar bieten billige Flüge auf die Insel, sodass man schnell Strände, Strandbars und den Nationalpark Phu Quocs erreicht.

Medellín, Kolumbien

Kolumbien hat alles dafür getan, seinen Ruf als Land der Drogenkartelle abzuschütteln, und Medellín steht bei dieser nationalen Erneuerung an vorderster Front; seine innovativen Bürgerprojekte und sein Engagement für eine nachhaltige Stadtentwicklung sind mit Preisen ausgezeichnet worden. Die zweitgrößte Stadt Kolumbiens ist auch mit einem milden Klima gesegnet, und ihre Lage im Tal hat sie davor bewahrt, zu groß und unüberschaubar zu werden.

Pro & Kontra

PRO:

★ Das ganze Jahr über gutes Wetter
★ Niedrige Lebenshaltungskosten
★ Zeitzone ähnlich den US-amerikanischen
★ Freundliche Einwohner
★ Billige öffentliche Verkehrsmittel

KONTRA:

★ Viel Verkehr
★ Große Luftverschmutzung
★ Komplizierte Visumsverlängerung
★ Schwierig für Nicht-Spanischsprechende
★ Kleinkriminalität

Praktisches

José María Córdova International Airport, Medellín

LGBT-freundlich
Ja

Von den zwei Busbahnhöfen Medellíns fahren Busse über das ganze Land und zu Kolumbiens Grenzen.

Medellín hat das ganze Jahr gemäßigt warmes Klima, es ändert sich nur die Regenmenge – mehr als üblich regnet es von April bis Mai und von September bis November. Viele hier lebende Expats kommen ohne Klimaanlage und Heizung aus.

Lebenshaltungskosten: Ab 1000 Euro pro Monat

Viele der digitalen Nomaden, deren Anzahl in Medellín ständig wächst, sind von den niedrigen Lebenshaltungskosten, dem guten Wetter und der für Nomaden soliden Infrastruktur aus Nordamerika hierhergelockt worden; WLAN ist weit verbreitet und die Coffeeshop-Kultur ist im Kommen. In Medellín gibt es ein gutes Unterstützungsnetzwerk für Neuankömmlinge, zahlreiche digitale Nomadengruppen organisieren regelmäßig soziale Events. Die Szene begann klein, aber Medellíns Entwicklung zu einem der ersten Nomadenzentren Amerikas ist absehbar.

Darüber hinaus gibt es hier Kultur, gastfreundliche Einwohner, gutes Essen und ein reges Nachtleben. Dass Medellín in einer ähnlichen Zeitzone wie die USA liegt, ist vor allem für Nomaden mit Geschäftspartnern von dort ein Vorteil. Mit Spanischkenntnissen profitiert man stärker von Medellín, und sie öffnen auch Türen beim Netzwerken mit anderen Unternehmern vor Ort.

CO-WORKING-SPACES

★ **Selina** (www.selina.com/colombia/medellín) ist ein guter Startpunkt und bietet unter einem Dach Co-Working-Space, Unterkunft, Essen, Getränke. Es ist in El Poblado günstig gelegen.
★ Ein Space mit starker Ausrichtung auf Gemeinschaft ist **Siembra Co-Working/Ofizen** (www.siembraCo-Working.com) in El Poblado mit regelmäßigen Quiz-Veranstaltungen, Workshops, Networking-Abenden und freiem Bier am Freitag.
★ Nomaden mit starkem Arbeitsfokus schätzen **Tinkko** (www.tinkko.com) im 15. Stock eines Hochhauses im Geschäftsviertel. Hier arbeitet man mit einer tollen Aussicht. Es gibt Versammlungsräume für erfolgreiche Start-ups.

WOHNMÖGLICHKEITEN

Die meisten Nomaden wählen Zimmer in Gemeinschaftswohnungen oder mieten Apartments, aber dann eher in den Vororten als im geschäftigen Zentrum, denn es wird billiger, wenn man das touristische und zentrale El Poblado meidet und in ruhigere Gegenden zieht, zum Beispiel nach Ciudad del Rio, Estadio, Floresta und Laureles. Wer gut Spanisch spricht, kann auf der Seite Comparto Apto (www.compartoapto.com) Hausbesitzer kontaktieren, die Zimmer und Apartments vermieten. Einfaches Essen sind Bandeja Paisa (Fleisch, Bohnen, Reis und Beilagen), Arepas (gefüllte Maiskuchen) und Empanadas. Verkehrsoptionen sind Taxis, Busse und die Metro.

© SUNSINGER / SHUTTERSTOCK

Vorherige Seite: Medellín von der Parque-Arvi-Seilbahn aus; Links: Botero Plaza; Gegenüber: Guatapé

NETWORKING

★ **Digital Nomads Medellín** (www.facebook.com/groups/digitalnomadsmedellin)
★ **Medellín Entrepreneurs Society** (www.facebook.com/groups/MedellinEntrepreneursSociety)
★ **Medellín Digital Nomads** (www.facebook.com/groups/1527870354167112)

ZUM LESEN VOR DER ABREISE

★ Lonely-Planet-Reiseführer ***Kolumbien***
★ ***Hundert Jahre Einsamkeit*** von Gabriel García Marquez
★ ***Delirium*** von Laura Restrepo
★ ***Das Geräusch der Dinge beim Fallen*** von Juan Gabriel Vásquez

© SORIN RECHITAN / EYEEM / GETTY IMAGES

INTERNET-GESCHWINDIGKEIT

Die durchschnittliche Downloadgeschwindigkeit von 10 MBit/s ist langsamer als in den meisten Nomadenzentren, aber man findet leicht schnellere Verbindungen. Seit einigen Jahren stattet Kolumbien das Land mit 4G aus, in städtischen Gegenden ist es schon weitgehend zugänglich.

Zum Entspannen

Mit der Seilbahn zum Parque Arvi – in diesem bewaldeten Naturschutzgebiet jenseits der Stadtgrenzen gibt es vorspanische Ruinen und eine abwechslungsreiche Tier- und Pflanzenwelt; die Wanderwege (an Wochenenden gut besucht) bieten Erholung von der Stadt.

—

Aufstieg zur Piedra El Peñol – 600 Stufen führen zu diesem Granitmassiv nahe der Stadt Guatapé (2 Stunden Busfahrt von Medellín) mit atemberaubenden Ausblicken über tiefblaue, künstliche Seen.

—

Auf der Suche nach dem perfekten Kaffee – Kolumbiens Kaffeeanbauregion mit UNESCO-Weltkulturerbe-Status liegt einige Stunden südlich von Medellín. Manizales ist das Eingangstor zu historischen Kaffee-Haciendas, Plantagentouren und Vogelbeobachtung im Naturreservat Río Blanco.

Tiflis, Georgien

Frühere Sowjetrepubliken stehen nicht gerade weit oben auf der Liste der Nomaden, aber Georgien bildet eine Ausnahme. Kulturell orientiert sich das Land sowohl an Asien als auch an Russland, und seit der Unabhängigkeit nach dem Zusammenbruch der Sowjetunion 1991 begann ein Prozess der Neufindung, der noch immer anhält. Georgiens Hauptstadt Tiflis ist voller Energie, hat fast überall WLAN und einen lockeren Lebensstil.

Pro & Kontra

PRO:

★ Visumfreies Reisen
★ Niedrige Lebenshaltungskosten
★ Tolles Essen
★ Geburtsland des Weins
★ Schnelles Internet

KONTRA:

★ Wenig Networking
★ Schlechte Co-Working-Infrastruktur
★ Viel Verkehr
★ Bürokratie
★ Wenig Stadtpflege

Praktisches

Shota Rustaveli Tbilisi International Airport, Tiflis

LGBT-freundlich
Nein

Marschrutka-Minibusse fahren durch Georgien, nach Armenien und Aserbaidschan und in die Türkei. Um nicht durch Abchasien fahren zu müssen, wird nach Russland meist geflogen.

Frühling (April bis Juni) und Herbst (September bis Oktober) sind die angenehmsten Zeiten. Den heißen, schwülen Sommer und den kalten, feuchten Winter sollte man besser vermeiden. Aber mit visafreier Reise bleiben viele Nomaden 12 Monate und erleben die sich wandelnden Jahreszeiten.

Lebenshaltungskosten: Ab 800 Euro pro Monat

Die Kaffeeszene in Tiflis mit den altmodischen Tischen auf den Bürgersteigen wirkt etwas anders als die coolen Coffeeshops, die man üblicherweise mit der Nomadenkultur assoziiert; doch das Nebeneinander von moderner Technologie-Infrastruktur und dem Charme der alten Welt hat seinen Reiz für Nomaden, die eine Kombination von High-Speed-Webconnection mit etwas Nostalgie schätzen. Ein paar Brocken Georgisch aufzuschnappen, erleichtert das Eintauchen in die Lebensart der Stadt.

Bei niedrigen Lebenshaltungskosten ist die Lebensqualität komfortabel, und eine liberale Visaregelung – ein Jahr visumfreier Aufenthalt für die meisten Nationalitäten – bedeutet, dass man nicht solchen Unannehmlichkeiten wie einem Visa Run über die Grenze ausgesetzt ist. Was fehlt, ist das Ausmaß an Netzwerken und eine Unterstützung wie in etablierteren Nomadenzentren. Aber das Essen und der hier seit fast 8000 Jahren produzierte Wein sind eine gute Entschädigung.

CO-WORKING-SPACES

★ Ein Nomaden-Lieblingsort ist **Impact Hub Tbilisi** (https://tbilisi.impacthub.net), gelegen in einer trendig ausgestalteten – Fabrika genannten – ehemaligen Textilfabrik aus Sowjetzeiten. In den Cafés, Bars, Concept Shops und Kunsträumen der Fabrika wird ein Boheme-Lebensstil gepflegt. Hier finden Meetups und Veranstaltungen statt, und das WLAN ist schnell.

★ **Mediathek** (www.mediathek.ge) ist eine öffentliche Bibliothek inmitten der Grünanlage des Vake Parks mit schnellem WLAN und vielen ruhigen Arbeitsplätzen. Mit einer geringen jährlichen Gebühr kann man die ganze Einrichtung nutzen. Ähnlich ruhige, moderne Zweigstellen gibt es in Varketili und im Veterans Park in Nadzaladevi.

WOHNMÖGLICHKEITEN

Für ein Zimmer oder Apartment in Tiflis empfiehlt sich Airbnb. Da Wohnen im Zentrum teuer ist, sollte man eher in den Vororten suchen. Die ans Zentrum angrenzenden Bezirke Vake und Avlabari sind sehr im Kommen, Häuser werden saniert und damit teurer. Viele Wohnungen sind schlecht zu beheizen, im Winter auf warme Kleidung achten. Essen in Restaurants ist preiswert, zum Beispiel Mtsvadi (Kebab), Khachapuri (mit Käse gefülltes Brot) und Khinkali (Klöße). Gut durch die Stadt kommt man mit den Marschrutka-Bussen, normalen Taxis oder Taxis über die App Yandex.Taxi (taxi.yandex-ru).

Vorherige Seite: Festung Narikala; Links: Stadtzentrum Tiflis; Gegenüber: Co-Working-Café in der Fabrika

NETWORKING

★ **Tbilisi Digital Nomads** (https://z-m-www.facebook.com/groups/tbilisidigitalnomad)

★ **Tbilisi Expats Community** (www.facebook.com/TbilisiExpatsCommunity)

★ **Expats in Tbilisi** (www.facebook.com/groups/310444322730567)

ZUM LESEN VOR DER ABREISE

★

Lonely-Planet-Reiseführer ***Georgia, Armenia & Azerbaijan***

★

Bread & Ashes: A Walk Through the Mountains of Georgia von Tony Anderson

★

My Dear Son: The Memoirs of Stalin's Mother von Ekaterina Jughashvili

★

A Man Was Going Down the Road von Otar Chiladze

INTERNET-GESCHWINDIGKEIT

Die öffentliche WLAN-Geschwindigkeit bewegt sich um 10 MBit/s, aber man findet häufig schnellere Verbindungen; Spitzengeschwindigkeiten sind dagegen rar. Eine lokale SIM-Card bietet verlässliche 4G-Verbindungen.

Zum Entspannen

Ein Schwefelbad nehmen – ignorieren Sie den Geruch nach faulen Eiern und tauchen Sie ein ins Schwefelwasser von einem der etwa ein Dutzend Badehäuser im Bezirk Abanotubani in Tiflis. Das soll der Haut und schmerzenden Gelenken guttun.

—

Die Blicke vom Berg Mtatsminda genießen – eine Standseilbahn führt auf den Berg hoch über der Stadt, wo es atemberaubende Aussichten, Waldspaziergänge und eine Sammlung liebenswert altmodischer Fahrgestelle gibt, darunter das größte Riesenrad des Landes.

—

Auf in den Kaukasus – der Kazbegi Nationalpark ist mit dem Marschrutka-Bus nur drei Stunden von Tiflis entfernt und liegt mitten im prächtigen Kaukasus-Gebirge.

Seoul, Südkorea

Wenn Sie sich einen Co-Working-Space mit dem Angebot gegrillter Rippchen, die ganze Nacht geöffneten Saunas, 24-Stunden-Bars und einem Soundtrack mit K-Pop wünschen, ist dies die richtige Stadt. Die Hauptstadt der Republik Südkorea ist ein ungeheuer dynamischer Platz für Geschäfte, hat eine junge Einwohnerschaft mit Unternehmungssinn und das schnellste Internet der Welt. Seoul ist genau das, was man von einer futuristischen, asiatischen Metropole erwartet.

Pro & Kontra

PRO:

- ★ 24-Stunden-Arbeitsplätze
- ★ Freundliche Einheimische und Expats
- ★ Fantastisches Essen
- ★ State-of-the-Art-Technologie
- ★ Exzellente öffentliche Transportmittel

KONTRA:

- ★ Kalte Winter und heiße Sommer
- ★ Teure Lebensmittel
- ★ Viel Verkehr
- ★ Wenig interkulturelles Verständnis
- ★ Schwierig für Nicht-Koreanischsprechende

Praktisches

Incheon International Airport, Seoul

LGBT-freundlich
Ja

Die Isolation des nördlichen Nachbarn Südkoreas macht das Reisen über Land schwierig. Innerhalb Südkoreas gibt es viele Zugverbindungen, und Fähren fahren nach Japan und Festlandchina.

März bis Mai und September bis November sind für Seoul die besten Monate; die Temperaturen sind mild, und im Frühling und Herbst strahlen die Farben der Blüten und der gefärbten Blätter. Im Sommer ist es heiß und feucht, das Gegenteil von Seouls eiskalten Wintern.

Lebenshaltungskosten: Ab 900 Euro pro Monat

Die Tatsache, dass Seoul abseits der üblichen Backpacker-Route liegt, trägt nur zu seinem Reiz als Ort zum Arbeiten und Wohnen bei; Neuankömmlinge finden eine solide Unterstützerbasis bei hier residierenden Expats, das ist hilfreich beim Einleben in eine neue Kultur. Co-Working-Spaces gibt es überall im technologiebesessenen Seoul, und der dynamische 24-Stunden-Lebensstil macht es einfach, zu jeder Tages- und Nachtzeit zu arbeiten – praktisch für die Verbindung mit Kunden in anderen Zeitzonen.

Englisch wird nicht überall gesprochen, was ein Hindernis, aber auch ein Vorteil sein kann – es gibt sehr viele Möglichkeiten für Lehrer und Übersetzer, aber im Alltag kann die Sprachbarriere das Leben komplizieren. Korea handhabt die Dinge definitiv auf seine Art; die Einheimischen befolgen eine Million unausgesprochener sozialer Regeln, und es gibt keinerlei Erklärung dafür, dass das Essen im Restaurant billig, aber die Lebensmittelpreise zum Weinen teuer sind.

CO-WORKING-SPACES

★ **Hive Arena** (www.hivearena.com) bietet mit gemeinsamem Wohnen und Arbeiten ein Gefühl von Gemeinschaft. Es liegt günstig südlich des Han-Flusses in Yeongdeungpo-gu. Es ist relativ klein und persönlich, was viele in dieser wimmelnden Megacity schätzen.

★ **Cow & Dog** (www.cowndog.com) in Seongdong-gu ist ein Co-Working-Space speziell für Nomaden, die an Projekten mit einer sozialen Ausrichtung arbeiten. Es ist ein beliebter Ort für ansässige Unternehmer und Developer, die eine ruhige Arbeitsumgebung und Gemeinschaftssinn schätzen.

WOHNMÖGLICHKEITEN

Seoul hat viele Wohnmöglichkeiten, aber die Preise im Zentrum sind hoch. Es gibt viele Hostels mit kombinierten Co-Living/Co-Working-Paketen, aber viele Nomaden, die länger hier bleiben, mieten Apartments oder Zimmer über Airbnb. Gangnam-gu ist nur für Leute mit Geld, aber Gegenden in der Nähe des US-Armee-Hauptquartiers in Yongsan-gu sind für Nomaden geeignet, zum Beispiel Itaewon-dong und Haebongchon-dong. Preiswertes Street Food sind zum Beispiel Kimbap (Reisrollen), Tteokbokki (Reiskuchen in scharfer Soße), und in 24-Stunden-Lokalen Bibimbap (Reis im Steintopf) und Ramen. Auch Barbecue-Gerichte in Gogi-Jip (sogenannten »Fleischhäusern«) können überraschend günstig sein. U-Bahn, Bus oder Taxi bringen einen durch die Stadt.

Vorherige Seite: Seoul Skyline; Links: Koreanisches Street Food; Gegenüber: Bukhansan Nationalpark

NETWORKING

★ **Seoul Digital Nomads** (www.facebook.com/seouldigitalentrepreneurs)
★ **Seoul Expats** (www.facebook.com/groups/seoulexpats)
★ **Every Expat in Korea** (www.facebook.com/groups/2370296695)

ZUM LESEN VOR DER ABREISE

★

Lonely-Planet-Reiseführer *Korea* und *Pocket Seoul*

★

Die Vegetarierin von Han Kang

★

Als Mutter verschwand von Kyung-Sook Shin

★

The New Koreans von Michael Breen

© CJ NATTANAI / SHUTTERSTOCK

INTERNET-GESCHWINDIGKEIT

Stand 2017 hat Seoul offiziell das schnellste öffentliche Internet der Welt. Stadtweit ist die durchschnittliche Downloadgeschwindigkeit 28,6 MBit/s, aber viele Co-Working-Spaces bieten viel schnellere Verbindungen. Und mit Samsung in der Stadt ist dies eine der besten Städte der Welt für 5G, mit blitzschnellem mobilen Internet, wenn man ein 5G-geeignetes Gerät hat.

Zum Entspannen

Tauchen Sie Ihre Zehen in den Cheong-gye-cheon-Fluss – Einheimische essen hier ihren mitgebrachten Lunch, lesen und lassen ihre Füße ins Wasser dieses künstlichen Stroms baumeln, der früher eine Autobahn war.

—

Machen Sie ein Picknick im Gyeongui Line Forest Park – der langgezogene Parkstreifen, früher der Verlauf der Gyeongui-Bahnlinie, die jetzt unterirdisch verläuft, bietet Picknickplätze, Buchläden in nachgeahmten Zugwaggons und viele Möglichkeiten, einen Snack oder ein Bier zu kaufen.

—

Von Tempel zu Tempel im Bukhansan Nationalpark – in dieser hoch über der Stadt gelegenen, großartigen Landschaft mit Felsen und Waldwegen verstecken sich viele buddhistische Tempel und Festungsanlagen aus der Joseon-Ära.

Buenos Aires, Argentinien

Buenos Aires vibriert vor Aktivität, von morgens bis zu der von Tangomusik erfüllten Nacht. Es sind die südländische Atmosphäre der größten Stadt Argentiniens, das freie Nachtleben, die niedrigen Lebenshaltungskosten und die omnipräsente Kultur, die viele Nomaden hierhergezogen haben. Wer hier zum Arbeiten herkommt und wieder geht, ohne Spanisch, Tango und die Bedeutung einer gauchada (einer guten Tat) gelernt zu haben, hat viel von dem verpasst, was die Lebensfreude dieser Stadt ausmacht.

Pro & Kontra

PRO:

- ★ Kultur
- ★ Nachtleben
- ★ Niedrige Lebenshaltungskosten
- ★ Expat-Lebensstil
- ★ Billige öffentliche Verkehrsmittel

KONTRA:

- ★ Verkehrslärm
- ★ Zersiedelung
- ★ Kleinkriminalität
- ★ Menschenmengen
- ★ Währungsfluktuation

Praktisches

Ministro Pistarini International, Buenos Aires

LGBT-freundlich Ja

Busse fahren in alle Nachbarländer, und Schiffe von Buenos Aires nach Montevideo und Colonia in Uruguay.

Buenos Aires hat einen kurzen, heißen Sommer (Dezember bis Februar) mit Hitzeperioden und dem Risiko von Unwettern; der Winter (Juni bis August) fühlt sich an wie ein europäischer Frühling. Die Zeiten dazwischen sind angenehm warm mit regelmäßigen Regenschauern.

Lebenshaltungskosten: Ab 1000 Euro pro Monat

Zum Porteño (Hafenstadtbewohner) zu werden, ist nur ein Teil dessen, was für Buenos Aires spricht. Hier gibt es eine gut etablierte Co-Working-Kultur, viele Start-ups und eine lebendige Expat-Community. Spanischkenntnisse sind von Vorteil, um sein soziales Netzwerk zu erweitern. Die Regierung von Buenos Aires wirbt um Unternehmer mit Projekten wie IncuBAte, das Start-ups unterstützt, die einen spürbaren Vorteil für die Stadt haben.

Längere Aufenthalte in Buenos Aires sind für Nomaden jedoch nicht ohne Weiteres möglich. Die meisten Reisenden erhalten bei der Ankunft in Argentinien ein 90-tägiges kostenloses Visum. Wer länger bleiben will, muss für einen neuen Stempel in Nachbarländer reisen oder eine prórroga (Visumsverlängerung) beantragen. Um sich den Aufwand zu ersparen, bleiben viele Nomaden einfach länger und zahlen bei der Ausreise eine mäßige Geldstrafe.

CO-WORKING-SPACES

- ★ **NomadHub** (www.nomadh.co) in Retiro bietet Co-Working und Co-Living, schnelles WLAN und einen starken Community-Spirit in einer günstigen Lage südöstlich von Palermo. Ein guter erster Stopp, bevor man sich etwas Eigenes sucht, wenn man etwas vertrauter mit der Stadt ist.
- ★ Wessen Produktivität von gutem Kaffee abhängt, der sollte mit seinem Laptop unterm Arm ins **Café Flor** (www.cafeflor.com.ar) gehen. Dort zahlen Co-Worker für einen schnellen Internetzugang pro Stunde, dazu gibt es so viel Kaffee, wie man möchte.

WOHNMÖGLICHKEITEN

Buenos Aires hat viele Co-Living-Angebote, die praktisch für Neuankömmlinge sind, aber länger bleibende Nomaden mieten lieber ein eigenes Zimmer. Häufig wird von Auswärtigen mehr als üblich verlangt; um die gleichen Preise wie Einheimische zu zahlen, erkundigt man sich auf Expat-Foren und Facebook-Gruppen. In der ersten Zeit können manche hier nicht genug von rotem Fleisch und Wein in den billigen Parrillas (Grillhäusern) bekommen, aber man findet auch leicht Gesünderes. Für billiges Essen geht man zu familiengeführten Imbissen, wo es Empanadas und Morcipán und Choripán (Wurst-Sandwiches) gibt. Alle Bereiche der Stadt sind für wenig Geld mit U-Bahn oder Bussen zu erreichen.

Vorherige Seite: Buenos Aires Skyline; Links: Bezirk La Boca; Gegenüber: Skulptur Floralis Genérica, Plaza Naciones Unidas

NETWORKING

- ★ Buenos Aires Expats Community (www.baexpats.org)
- ★ Buenos Aires Expat Hub (www.facebook.com/groups/BuenosAiresExpatHub)

ZUM LESEN VOR DER ABREISE

★

Lonely-Planet-Reiseführer ***Argentinien*** und ***Buenos Aires***

★

Der Tangosänger
von Tomás Eloy Martinez

★

Südliche Autobahn und andere Erzählungen
von Julio Cortázar

★

Der Geist meiner Väter steigt im Regen auf
von Patricio Pron

© PHILIP LEE HARVEY/LONELY PLANET

INTERNET-GESCHWINDIGKEIT

Downloadgeschwindigkeiten von 26 MBit/s sind weit verbreitet, und Co-Working-Spaces bieten schnellere Verbindungen. Die meisten Cafés haben gratis WLAN, und die Regierung bietet das auch in vielen Parks, auf Plätzen und an öffentlichen Orten an. 4G fürs Handy ist üblich, aber die Download-Geschwindigkeit ist niedriger als erwartet.

Zum Entspannen

Tango lernen – Es gibt sehr viele Shows für Touristen, aber für das Original geht man in einen Milonga-Club, wo die Einheimischen nur aus Liebe zum Tango tanzen. Milonga Parakultural im Salón Canning in Palermo ist einer davon.

—

Besuch bei den Toten auf dem Friedhof La Recoleta – der berühmteste Friedhof der Stadt ist ein Wegelabyrinth, das mit großen Mausoleen wohlhabender Porteños gesäumt ist, darunter das Grab der verehrten Eva Perón.

—

Das Paraná-Delta erkunden – wenn die Stadt einem zu viel wird, nimmt man den Zug nach Tigre, leiht ein Motorboot oder Kajak und durchstreift die verbundenen Kanäle und Wasserstraßen oder stöbert auf den Kunsthandwerksmärkten am Ufer.

Praktisches

Chiang Mai International Airport, Chiang Mai

LGBT-freundlich Ja

Züge und Busse verbinden die Städte in ganz Thailand und fahren über die Grenze nach Laos, Myanmar, Kambodscha und Malaysia.

In der Trockenzeit (November–März) ist der Himmel klar und die Tagestemperaturen sind gut zu ertragen, aber von April bis Juni steigt das Thermometer in unangenehme Höhen. Der Monsun (Juli–Oktober) bringt sintflutartige Regenfälle, die die Straßen überfluten und die Anwohner im Haus bleiben lassen.

Lebenshaltungskosten: Ab 900 Euro pro Monat

Chiang Mai, Thailand

Thailands zweitgrößte Stadt ist schon seit Langem ein Lieblingsort für digitale Nomaden, dank der perfekten Kombination aus billigen Unterkünften, schnellem WLAN und fantastischem, superbilligem Essen. Nicht viele andere Städte sind für Nomaden so gut geeignet, mit allem, was man braucht, im Stadtzentrum und einer leicht erreichbaren, spektakulären Umgebung mit von Dschungel bedeckten Bergen, Wasserfällen, heißen Quellen und uralten Klöstern.

An Co-Working-Spaces ist kein Mangel, WLAN kann ungeheuer schnell sein, Unterkünfte sind billig und spät abends sprüht die Stadt vor Energie. Was ist also der Nachteil? Nun, der massenhafte Tourismus. Durch die billigen Flüge in andere Teile Asiens wird die Stadt praktisch jeden Tag des Jahres von Touristen überlaufen. Wenn man in lokale Kultur eintauchen möchte, ist Chiang Mai vielleicht nicht der Ort dafür.

Andererseits ist die Lebensqualität unbestreitbar. Man kann ein Jahr lang jeden Tag etwas anderes essen und hat noch lange nicht alles probiert. Ein Nachteil sind ThaiLands für Nomaden ungünstige Visaregelungen – Besucher bekommen bei der Einreise ein 30-Tage-Visum (oder 60 Tage bei einem vorher arrangierten Visum), und es ist nur eine Verlängerung von 30 Tagen möglich. Wenn man länger bleiben will, muss man sich an den Visa Run in Nachbarländer gewöhnen.

Pro & Kontra

PRO:
- ★ Billiges Essen und Wohnen
- ★ Nachtleben
- ★ Schnelles Internet
- ★ Bequeme Ausflüge ins Umland
- ★ Gute Transportverbindungen

KONTRA:
- ★ Menschenmengen
- ★ Viel Tourismus
- ★ Tropische Hitze
- ★ Straßenverkehr (außerhalb der Altstadt)
- ★ Smog

CO-WORKING-SPACES

★ **Punspace** (www.punspace.com) mit drei Stadtniederlassungen – Nimman, Pratu Tha Phae und Wiang Kaew – ist toll für Nomaden, die Abwechslung bei ihren Arbeitsplätzen möchten. Es gibt dort schnelles Internet und eine Klimaanlage, außerdem Meetingräume und Kabinen für Telefonate. Man kann tageweise zahlen oder für eine längerfristige Mitgliedschaft.

★ Außer der todschicken Maya-Mall im Norden der Stadt hat **C.A.M.P. Ais** (www.ais.co.th/campais/en) den Vorteil, von Thailands größter Telefon-Company gesponsert zu sein, wodurch die Downloadgeschwindigkeiten bis zu 300 MBit/s betragen. Für Mitglieder 24 Stunden offen, und die Mall verfügt über viele Restaurants und Cafés.

WOHNMÖGLICHKEITEN

Hotels und Hostels sind so billig, dass manche Nomaden gern dort ein Backpacker-Leben führen, aber wenn einem nach etwas Privatem ist, findet man auch leicht Apartments mit Service oder Zimmer zur Miete. Viele Nomaden wohnen wegen den vielen Möglichkeiten zum Essen, Trinken und Feiern in der Altstadt, aber in der Gegend von Chang Khan oder dem Studentenviertel Chang Phueak ist es billiger. Das beste Street Food gibt es auf den Nachtmärkten Talat Pratu Chang Pheuak und Talat Pratu Chiang Mai oder Samstag und Sonntag an den Marktständen in den Fußgängerstraßen. Zur Fortbewegung dienen hier kleine, bunte Taxis (túk-túk oder rót daang).

Vorherige Seite: Songkran Sandpagoden in Chiang Mai; Links: Street Food; Gegenüber: Wat Chedi Luang

NETWORKING

★ **Chiang Mai Digital Nomads** (www.facebook.com/groups/cmnomads)

★ **Digital Nomad Coffee Club** – Chiang Mai (www.facebook.com/groups/nomadcoffee)

★ **Welcome Chiang Mai Nomads!** (www.facebook.com/groups/WelcomeChiangMaiNomads)

ZUM LESEN VOR DER ABREISE

★

Lonely-Planet-Reiseführer *Thailand*

★

Der König und ich von Margaret Landon

★

Sightseeing von Rattawut Lapcharoensap

★

Fieldwork von Mischa Berlinski

INTERNET-GESCHWINDIGKEIT

Chiang Mai ist extrem gut mit WLAN versorgt und fast überall, wo man essen und trinken kann, gibt es Gratis-WLAN. Downloadgeschwindigkeiten von 26 MBit/s sind allgemein üblich, Co-Working-Spaces bieten über Kabel Geschwindigkeiten von 300 MBit/s oder mehr. Für schnelles 4G eine SIM-Card kaufen, um Roaming-Gebühren zu vermeiden.

Zum Entspannen

Vom Wat Phra That Doi Suthep auf die Stadt schauen – die Fahrt mit dem Motorrad oder Mountainbike zu Chiang Mais berühmtestem Tempel ist Chiang Mais Lieblingsart zum Entspannen. Oder man wandert von Chiang Mais Universitätsgelände hinauf.

—

In Wasserfällen und heißen Quellen schwimmen – den Touristenmassen entfliehen und auf einem gemieteten Motorrad oder einem gecharterten rót daang zu den Dschungelwasserfällen oder den natürlichen heißen Quellen fahren.

—

Im Retreat im Dschungel entspannen – in den bewaldeten Bergen um Chiang Mai gibt es viele ländliche Resorts für eine Pause von der Hitze in der Stadt. Chiang Dao und der Doi Inthanon Nationalpark sind schöne Orte für eine Übernachtung.

Budapest, Ungarn

Auf der Suche nach der Pracht von Paris oder Rom ohne die hohen Preise? Willkommen in Budapest, das mit ehemals drei Städten – Buda, Óbuda und Pest – zum Preis von einer aufwartet. Mäßige Lebenshaltungskosten und blitzschnelles Internet platzieren Budapest weit oben auf der Wunschliste digitaler Nomaden, für die Atmosphäre genauso zählt wie Annehmlichkeiten; es ist auch der perfekte Ausgangspunkt, um Osteuropa und die Balkanländer zu erkunden.

Pro & Kontra

PRO:

- ★ Niedrige Lebenshaltungskosten
- ★ Billiges Essen
- ★ Preiswertes Nachtleben
- ★ Guter Nahverkehr
- ★ Leichte Weiterreise zu anderen europäischen Städten

KONTRA:

- ★ Schlechte Infrastruktur
- ★ Touristenmassen
- ★ Kühle Winter
- ★ Bettler und Obdachlose
- ★ Schwieriges Verständnis der Landessprache

Praktisches

Budapest Ferenc Liszt International Airport, Budapest

LGBT-freundlich Ja

Züge und Busse verbinden Budapest mit vielen Städten Europas.

Budapest hat ein kontinentales Klima mit heißem Sommer (mit gelegentlichen starken Regenfällen) und wegen der eisigen Luftmassen aus Russland einen bitterkalten Winter von Dezember bis Februar. Die angenehmsten Monate sind April bis Mai und September bis Oktober.

Lebenshaltungskosten: Ab 1100 Euro pro Monat

Auch wenn die Touristenmassen manche abschrecken, ist die ungarische Hauptstadt super für billiges Wohnen und Essen, und das billigste Bier in Europa macht es leicht, am Ende eines Arbeitstages zu entspannen. Co-Working-Spaces und Cafés mit freiem WLAN findet man leicht, und in dem kontinentalen Klima lebt es sich angenehmer als in der ganzjährigen Hitze Balis oder Thailands. Manche Nomaden fliehen allerdings im Winter in wärmere Gegenden.

Die Start-up-Szene hier ist noch nicht besonders ausgeprägt, ebenso ist der Gemeinschaftssinn von Nomaden und Unternehmern nicht so entwickelt wie in stärker etablierten Nomadenzentren. Andere Nomaden trifft man in den Co-Working-Spaces und auf Nomaden-Facebook-Gruppen.

Ungarn liegt im Schengenraum, daher bekommen die meisten Nationalitäten bei der Einreise ein 90-tägiges visafreies Bleiberecht mit der Möglichkeit, frei in die umgebenden Länder zu reisen. Für einen längeren Aufenthalt muss man einen Einwohnerstatus oder ein langfristigeres Visum beantragen.

CO-WORKING-SPACES

★ **Kaptar** (www.kaptarbudapest.hu/en) am Rand der Innenstadt in Pest hat eine starke Gemeinschaftsatmosphäre, regelmäßige Meetups und Netzwerkveranstaltungen. Von hier aus kann man in seinen Mittagspausen gut das Stadtzentrum erkunden, und im Space gibt es einen Coffeeshop.

★ **Kubik Co-Working** (www.kubikCo-Working.hu/en) liegt zentral am Ostufer nahe dem südlichen Ende der Margareteninsel. Es ist gut ausgestattet mit Gemeinschaftsräumen, privaten Büros und Meeting-Räumen und bietet Tagespässe und Mitgliedschaftspakete.

WOHNMÖGLICHKEITEN

Die Preise im Zentrum sind hoch, daher wohnen die meisten Nomaden in den Vororten. Beliebt sind die Bezirke XI in Buda und IX, VI und VII in Pest, aber von Nicht-Ungarn nehmen die Vermieter oft mehr. Viele Nomaden starten mit einer Airbnb-Unterkunft und suchen sich dann ein Zimmer oder ein Apartment durch Kontakte mit Kollegen. Bei Alberlet (www.alberlet.hu) und Ingatian (www.ingatian.com) gibt es viele Angebote, und mit einem Makler vor Ort zu sprechen, kann die Sprachbarriere lockern. Man spart, wenn man in ungarischen Restaurants Tagesangebote isst oder das Street Food Langos (geröstetes Brot mit saurer Sahne und Käse). Taxis sind teuer, aber mit Metro, Bus und Straßenbahn kommt man überallhin.

Vorherige Seite: Parlament von Budapest; Links: Co-Working im Kaptar; Gegenüber: Freiheitsbrücke

NETWORKING

★ **Digital Nomads Budapest** (www.facebook.com/groups/648464231947085)

★ **Digital Nomad Hungary** (www.facebook.com/digitalnomadhungary)

★ **Hungary EXPATS** (www.facebook.com/groups/hungary.expats)

ZUM LESEN VOR DER ABREISE

★

Lonely-Planet-Reiseführer ***Budapest und Ungarn*** und ***Pocket Budapest***

★

Roman eines Schicksallosen von Imre Kertész

★

Die unsichtbare Brücke von Julie Orringer

★

Volksfeinde: Der Weg meiner Familie nach Amerika von Kati Marton

INTERNET-GESCHWINDIGKEIT

Downloadgeschwindigkeiten von 27 MBit/s und höher findet man leicht, und WLAN gibt es fast in allen Cafés in der Stadt, öffentlichen Parks und Shopping-Centern. Budapest behauptet, das drittschnellste 4G-Netzwerk der Welt zu haben.

Zum Entspannen

Ein ungarisches Thermalbad besuchen – das Gellért ist das berühmteste Badehaus der Stadt, aber es gibt in Budapest viele kleinere Thermalbäder, die nicht so überfüllt sind. Die meisten Badehäuser sind für Männer und Frauen, traditionelle Bäder in türkischem Stil oft nur für Männer.

—

Um die Margareteninsel joggen – eine Joggingstrecke führt am Rande der Insel entlang, vorbei an Parks, Springbrunnen und Blumengärten, Wasserrutschen und Planschbecken des Palatinus-Freibades.

—

Auf dem Ecseri-Flohmarkt um Schnäppchen feilschen – zwischen dem allgemeinen Trödel findet man auf diesem großen Flohmarkt südöstlich von Pest auch Authentisches aus der Sowjet-Ära.

GAVIOTA
7ª GC 256 - 92

Las Palmas, Gran Canaria, Spanien

Gran Canaria, ein schon nah an Nordafrika liegendes Stückchen Europa, verdankt seinen Status als eine der Top-Adressen für digitale Nomaden seinem ganzjährig guten Wetter. Hinzu kommen eine große Auswahl an Co-Working-Spaces, schnelles Internet und viele Nomadenkollegen. Viele arbeiten im Sommer in anderen Teilen Europas und kommen im Winter wegen des milden Klimas wieder nach Gran Canaria.

Pro & Kontra

PRO:

★ Perfektes Wetter
★ Viele Aktivitäten
★ Strandleben
★ Steuerfreie Getränke
★ Nomaden-Community

KONTRA:

★ Teure Lebenshaltungskosten
★ Sandstürme
★ Teure Flüge ins Ausland
★ Touristenmassen

Praktisches

Gran Canaria Airport, Los Moriscos

LGBT-freundlich Ja

Nach Las Palmas fahren Fähren von Cadiz und Huelva auf dem spanischen Festland.

Gran Canarias südliche Lage sorgt für warme Temperaturen im ganzen Jahr, gemildert durch den Wind vom Meer. Am häufigsten regnet es zwischen Oktober und Februar, und im Februar und März. Wenn die Wetterlage Calima-Sandstürme aus Nordafrika bringt, fliehen viele Einheimische zur Westküste.

Lebenshaltungskosten: Ab 1100 Euro pro Monat

Neben dem angenehmen Klima schwärmen viele Reisende von der Abmessung Gran Canarias. Die vielseitige Hauptstadt der kanarischen Inseln ist groß genug, um alles zu bekommen, was man braucht, aber doch noch klein, um sie zu Fuß oder mit dem Fahrrad zu erkunden. Und es gibt massenhaft Freizeitmöglichkeiten: Strandleben, Surfen, Windsurfen oder Scuba-Tauchen, oder man durchquert die Insel zu Fuß oder mit dem Mountainbike auf den durchs Landesinnere verlaufenden Wegen.

So ist es einfach, aktiv zu bleiben, dagegen ist es eine Herausforderung, hier preiswert zu leben. Die Mieten sind zwar niedriger als auf dem Festland, aber doch ein erheblicher Budgetposten, und auch preiswert essen kann man kaum. Manch einen stört auch, dass man hier immer als Tourist behandelt wird, selbst wenn man das ganze Jahr über auf der Insel wohnt. Gran Canaria mit dem Flugzeug wieder zu verlassen, kann teuer werden; stattdessen lieber eine der billigen Fähren nach Cádiz oder Huelva auf dem spanischen Festland nehmen.

CO-WORKING-SPACES

- ★ Die Nummer eins auf Las Palmas ist **Co-WorkingC** (www.Co-Workingc.com). Nur Schritte vom Meer entfernt, sind die Arbeitsräume doch ruhig und produktivitätsfördernd. Mitglieder können Tag und Nacht mit 300 MBit/s oder mehr downloaden, und schon Tagespässe beinhalten unbegrenzten Kaffeekonsum.
- ★ **The House** (www.the-house.eu) ist etwas zwischen einem Co-Working-Space und einem Zuhause. Hier gibt es zwei Küchen, zwei Dachterrassen, Kaffee und Frühstück umsonst und Spanischkurse, um Nomaden bei der Integration in die lokale Co-Working-Community zu helfen.

WOHNMÖGLICHKEITEN

Auf Gran Canaria findet man leicht ein Zimmer oder Apartment über Airbnb, internationale Vermietungs-Websites oder Agenturen vor Ort, und WLAN ist oft im Preis inbegriffen. Je weiter von der Küste entfernt, desto eher kann man sich die Mieten leisten, und beim Aushandeln eines guten Preises sind Spanischkenntnisse vorteilhaft. Essen ist teurer als auf dem Festland – am preiswertesten ist das Menu del Dia (Tagesessen) in den spanischen Restaurants. Taxis sind teuer; man fährt besser mit dem Bus, läuft oder mietet ein Fahrrad.

Vorherige Seite: Strand von Las Canteras; Links: Windsurfen in Pozo Izquierdo; Gegenüber: Wanderung durch die Berge

NETWORKING

- ★ **Gran Canaria Digital Nomad** (www.facebook.com/groups/201877786658754)
- ★ **Las Palmas Info** (www.facebook.com/groups/1648535165253439)
- ★ **Gran Canaria Expat Community** (www.facebook.com/groups/MovingToGranCanaria)

ZUM LESEN VOR DER ABREISE

★

Lonely-Planet-Reiseführer *Kanarische Inseln*

★

Lanzarote von Michel Houellebecq

★

The Drago Tree von Isobel Blackthorn

★

More Ketchup than Salsa von Joe Cawley

INTERNET-GESCHWINDIGKEIT

WLAN und Kabelverbindungen sind in Co-Working-Spaces schnell – 300 MBit/s und mehr –, aber in Cafés in Las Palmas langsamer und außerhalb des Stadtzentrums richtig langsam (5 MBit/s oder noch weniger). SIM-Karten mit 4G-Zugang gibt es fast überall.

Zum Entspannen

Auf zum Strand – der Strand von Las Canteras an der Ostküste von Las Palmas ist 3,5 Kilometer lang und in der Saison von Sonnenanbetern belagert. Ruhigere Strände sind im Norden in El Confital und im Süden in San Cristobal.

—

Windsurfen an der Ostküste – an der windigen Ostküste von Pozo Izquierdo und Salinas mit warmen, starken Sommerwinden versammeln sich viele Windsurfer. In Bahia de Formas findet man flaches, für Freestyle geeignetes Wasser.

—

Zum Roque Nubio wandern – zu diesem wie ein Daumen emporragenden vulkanischen Felsen wandert man 5 Kilometer durch landschaftlich reizvolles Gelände, teilweise über mit Wald bedecktes Felsgestein; dabei bieten sich eindrucksvolle Ausblicke über die Insel. Viele andere Wanderwege verlaufen quer über die Insel.

Tallinn, Estland

Reisende lieben Estlands Hauptstadt mit ihren Pflasterstein-Straßen wegen der moderaten Kosten, seiner von der UNESCO zum Weltkulturerbe ernannten Altstadt und seiner günstigen Lage zwischen Osteuropa, den nordischen Staaten und RussLand. Digitale Nomaden werden von der Willkommenskultur gegenüber Geschäftsleuten und der Start-up-Szene angezogen. Tallinn ist eine von Europas ersten drei Städten mit den meisten Start-ups pro Einwohner und schlägt damit lang etablierte Technologiezentren der Eurozone.

Pro & Kontra

PRO:

- ★ Start-ups
- ★ Nomadenfreundliche Visumspolitik
- ★ Unterstützung von der estnischen Regierung
- ★ Gemeinschaftsgefühl
- ★ Niedrige Lebenshaltungskosten

KONTRA:

- ★ Kreuzfahrtschiff-Menschenmengen
- ★ Kalte Winter
- ★ Teure Mieten
- ★ Teures Einkaufen
- ★ Kostenloser Personennahverkehr nur für Einwohner

Praktisches

Lennart Meri Tallinn Airport, Tallinn

LGBT-freundlich Ja

Busse fahren von Tallinn in viele europäische Städte, Züge quer durchs Land und nach Moskau und St. Petersburg. Schnelle, oft verkehrende Fähren verbinden Tallinn mit Helsinki und Stockholm.

Tallinns kurzer Sommer von Juni bis August ist warm mit gelegentlichen Regenschauern. Frühling und Herbst sind kühler, aber angenehm genug, um im Café zu arbeiten. Die Winter sind lang und bitterkalt – im November beginnt es zu schneien, manchmal bis in den April.

Lebenshaltungskosten: Ab 1000 Euro pro Monat

Um ausländische Talente anzulocken, bietet Estland eine e-Residenz an (www.e-resident.gov.ee), mit der man vom Ausland aus hier online eine Firma gründen kann; Unterstützung erhalten ausländische Gründer auch durch ein Start-up-Visum (www.startupestonia.ee). Dazu kommt bald noch ein neues Visum, mit dem man ein Jahr lang in Estland leben und arbeiten kann, sogar für inländische Firmen. Und natürlich können sich EU-Bürger hier mit wenigen Einschränkungen niederlassen.

Das Zentrum von Tallinn ist manchmal völlig überlaufen von Kreuzfahrtschiff-Reisenden oder sehr laut wegen der Partys vieler Junggesellen oder Junggesellinnen. Aber die Stadt hat es geschafft, ihre reizvolle Identität aufrechtzuerhalten, und die Horden lösen sich auf, wenn der lange, kalte Winter kommt. Die vielen Co-Working-Spaces halten einen warm und sozial eingebunden, auch wenn draußen Schnee fällt. Hier spürt man das Gemeinschaftsgefühl der Nomaden das ganze Jahr über.

CO-WORKING-SPACES

- ★ **Lift 99** (www.lift99.co) liegt günstig im Viertel Telliskivi, hat eine starke Gemeinschaftsatmosphäre und viele Meetings und Seminare mit Start-up-Schwerpunkt. Mitglieder können jederzeit das schnelle Internet, Arbeitsplätze, Meeting-Räume und Chill-out-Bereiche (mit Tischtennisplatte und Bücherei) nutzen.
- ★ Südlich des Zentrums liegt im Viertel Kristine **Spring Hub** (www.springhub.org) mit einer ruhigen, produktivitätsfördernden Atmosphäre. Es gibt gut ausgestattete Arbeitsplätze, Bereiche mit Sitzsäcken und eine offene Küche, in der man sich mit anderen austauschen kann.

WOHNMÖGLICHKEITEN

Viele Nomaden wohnen anfangs in Hostels (einige sind speziell auf Nomaden ausgerichtet) oder über Airbnb organisierte Zimmer, bevor sie in selbst angemietete Zimmer oder Apartments umziehen. Unterkünfte in der Altstadt sind begrenzt und teuer, aber die nahe gelegenen Viertel Kalamaja, Telliskivi und Noblessner sind billiger und sehr entspannt. Auch Essen ist außerhalb des Zentrums billiger; günstig sind meist die Tagesgerichte auf Tafeln oder handgeschriebenen Speisekarten. Der öffentliche Nahverkehr – Busse, Trolleybusse und Straßenbahnen – ist für Einwohner gratis, Besucher zahlen wenig. Oder man ruft ein Taxi über Bolt (www.bolt.eu/en-gb).

Vorherige Seite: Winter in Tallinn; Links: Co-Working-Space Spring Hub; Gegenüber: Kaffeekultur in Tallinns Zentrum

NETWORKING

- ★ **Digital Nomads Tallinn** (www.facebook.com/Digital-Nomads-Tallinn-448230495534489)
- ★ **Expats in Tallinn, Estland** (www.facebook.com/groups/1395659303995885)
- ★ **Tallinn Expats** (www.facebook.com/groups/tallinnexpats)

ZUM LESEN VOR DER ABREISE

★

Lonely-Planet-Reiseführer ***Estland, Lettland, Litauen***

★

Treading Air von Jaan Kross

★

Truth und Justice von Anton H. Tammsaare

★

Fegefeuer von Sofi Oksanen

INTERNET-GESCHWINDIGKEIT

Freies WLAN gibt es praktisch überall, und Downloadgeschwindigkeiten in Tallinn betragen 20 MBit/s und mehr – und in Co-Working-Spaces noch viel mehr. Das estnische mobile Netzwerk Elisa bietet eine hundertprozentige 4G-Abdeckung in der Stadt.

Zum Entspannen

Hoch hinauf auf den Teletorn – von diesem Fernsehturm in einem Pinienwald nordöstlich von Tallinn hat man die beste Aussicht über die Stadt; an klaren Tagen kann man bis Finnland auf der anderen Seite der Ostseebucht sehen.

—

Zum Strand in Pirita – eine kurze Busfahrt bringt einen zu diesem Vorort am Meer mit dem längsten und schönsten Strand der Stadt, gesäumt von Kiefern und mit solch Annehmlichkeiten wie Umkleidekabinen und im Sommer einer Strandbar.

—

Wildnis im Nationalpark Lahemaa – nur 70 Kilometer östlich von Tallinn gibt es im Nationalpark Lahemaa Wälder, Seen, Felsklippen und Strände. Sogar Elche, Wildschweine, Braunbären und Luchse haben hier ihr Zuhause.

Playa del Carmen, Mexiko

Viele digitale Nomaden wählen Mexiko wegen des südländischen Lebensstils und um die Bürokratie zu vermeiden, der sie in den USA ausgesetzt wären. Die Halbinsel Yucatán war schon immer ein beliebter Ferienort zum Chillen, und Playa del Carmen ist mit seiner lebendigen Café- und Co-Working-Szene, schnellem WLAN und nahen Stränden, Riffs, Ruinen und Cenoten (ehemaligen Kalksteinhöhlen) der Lieblingstreff für digitale Nomaden.

Pro & Kontra

PRO:
- ★ Günstige Lebenshaltungskosten
- ★ Zeitzone ähnlich den USA
- ★ Starker Gemeinschaftssinn
- ★ Tropisches Wetter
- ★ Abenteueraktivitäten für die Freizeit

KONTRA:
- ★ Teures Essen
- ★ Menschenmengen in der Saison
- ★ Wenig Kulturreichtum
- ★ Wenig Abwechslungsreichtum

Praktisches

Cancún International Airport, Cancún

LGBT-freundlich Ja

Von ganz Mexiko fahren Busse nach Playa del Carmen und von dort auch über die Grenze nach den USA, Belize, Guatemala und weiter.

Von Dezember bis April ist das Wetter perfekt an der Riviera Maya, die dann Touristenhochburg ist. Weniger Touristen werden es von Mai bis August, aber dann können hohe Temperaturen und Luftfeuchtigkeit unangenehm werden. Von September bis November regnet es viel, und es kann tropische Stürme geben.

Lebenshaltungskosten: Ab 900 Euro pro Monat

Was die Atmosphäre und den Spirit angeht, ähnelt Playa del Carmen eher dem Backpacker-Ziel Tulum als Cancún mit seinen All-inklusive-Touristen. Trotzdem ist dieser hübsche Strandort stark auf Ausländer ausgerichtet, und wer Wert auf das authentische Mexiko legt, könnte enttäuscht sein. Andererseits ist der Gemeinschaftssinn unter digitalen Nomaden hier stark, und man kann seine Erfahrungen mit vielen Kollegen austauschen.

Reisende aus den meisten Ländern können 180 Tage ohne Visum im Land bleiben, aber Grenzbeamte stempeln meist 30, 60 oder 90 Tage in die Forma Migratoria Multiple (FMM), die bei der Einreise ausgestellt wird. Wer länger bleiben möchte, muss das bei der Einreise den Beamten erklären (vielleicht muss man ein Ticket für die Weiterreise oder genug Geld zum Leben vorweisen), eine Verlängerung bei der Immigrationsbehörde beantragen oder ausreisen und mit einer neuen FMM zurückkommen.

CO-WORKING-SPACES

- ★ Das zentral gelegene, nachhaltige, smarte und schnelle **Nest Coworking** (www.Co-Workingnest.com.mx) hat einen starken Gemeinschaftsgeist und ein regelmäßiges Programm an Veranstaltungen, Networking- und sozialen Treffen. Es gibt Kaffee, eine Küche und Hängematten (schließlich sind wir in Mexiko!).
- ★ Wem die Lage etwas landeinwärts nichts ausmacht, für den bietet **Work Zone Coworking** (www.oficinasplaya.com) eine ruhige Arbeitsumgebung, niedrigere Preise und die Möglichkeit, mit der mexikanischen Co-Working-Community in Kontakt zu kommen. Es gibt ein einfaches Café und in der Nähe viele Essensgelegenheiten.

WOHNMÖGLICHKEITEN

Viele wohnen auch hier anfangs in Airbnb-Unterkünften, aber für längere Aufenthalte gibt es viele Zimmer und Apartments zu mieten. Erkundigen Sie sich bei den vielen Immobilienmaklern, bei auf Expats ausgerichteten Facebook-Gruppen und in den Co-Working-Spaces. Um preiswert zu essen, die Touristenlokale um die Quinta Avenida herum meiden und in Restaurants für Einheimische oder an Street-Food-Ständen essen: Tacos, Burritos und Tortas. City Busse und Colectivos (Vans für mehrere) gibt es nicht oft, also lieber laufen, Rad fahren oder ein Taxi nehmen.

Vorherige Seite: Playa del Carmen; Links: Stand-up-Paddling im Cenote; Gegenüber: Tauchen im Chac-Mool-Cenote

NETWORKING

- ★ **Digital Nomads Playa Del Carmen Cancun Tulum** (www.facebook.com/groups/1608835499405356)
- ★ **Expats in Playa del Carmen** (www.facebook.com/groups/1433838026828456)
- ★ **Real Estate for Expats in Playa del Carmen** (www.facebook.com/groups/589843537856986)

ZUM LESEN VOR DER ABREISE

★

Lonely-Planet-Reiseführer ***Mexiko*** und ***Cancún, Cozumel & the Yucatán***

★

Incidents of Travel in Yucatan von John L. Stephens

★

Die Geisterseherin von Pat Murphy

★

Digging in Yucatán von Ann Axtell Morris

INTERNET-GESCHWINDIGKEIT

WLAN gibt es in Playa del Carmen überall, es ist zwar nicht superschnell, aber Downloadgeschwindigkeiten von 10 MBit/s sind üblich; und in vielen Co-Working-Spaces bekommt man zehnmal mehr. Im Zentrum bietet AT&T/Unefon ein nicht von überall erreichbares 4G-Netz.

Zum Entspannen

Schnorcheln oder Tauchen vor Cozumel – nur 40 Minuten braucht die Fähre zu einer der schönsten karibischen Taucherinseln; oder man kann gleich vor den Felsen an der Westküste schnorcheln.

—

Eine Cabaña in Tulum mieten – mit seinen Strandhütten, dem kristallklaren Wasser, den Maya-Ruinen und Regenwald-Reservaten bietet das entspannte Tulum das Beste der Halbinsel; wenn man zur Öffnungszeit bei den Ruinen von Tulum oder Cobá ankommt, fühlt man sich trotz deren Popularität wie ein Dschungelforscher.

—

Schwimmen in einem Cenote – inmitten des Tropenwaldes taucht man in Seen von fantastischem Blau ein; Cenote Chaak Tun liegt innerhalb der Stadtgrenzen von Playa del Carmen.

Zehn alternative Ziele für digitale Nomaden

Ehemals beliebte Nomadenzentren wie Barcelona und Prag werden von neuen Hotspots verdrängt, die oft an den aufregenden Rändern der Reiserouten liegen. Freie Geister mit einem Drang zum Eintauchen in fremde Kulturen – und nicht so großem Bedürfnis nach Unterstützung anderer Nomaden – können aus Orten auf der ganzen Welt wählen. Hier sind ein paar Vorschläge für die Abenteuerlustigen.

1 TIRANA, ALBANIEN

Es ist nicht lange her, dass allein der Besuch Albaniens als Tourist nur etwas für Abenteuerlustige war, aber seit der Öffnung des Landes zur Welt bietet seine Hauptstadt vieles, um digitale Nomaden anzulocken: Essen und Unterkunft sind günstig, die Bewohner gastfreundlich und es gibt eine erstaunliche Dichte an Cafés mit billigem Kaffee und freiem WLAN. Rechnen Sie mit einem relativ ruhigen Nachtleben und einer begrenzten Auswahl an Co-Working-Spaces.

2 BELGRAD, SERBIEN

Wegen seiner schwierigen Geschichte wird die serbische Hauptstadt oft übergangen, aber die Lebenshaltungskosten sind hier niedrig, das Internet ist zuverlässig und es gibt viele Co-Working-Spaces im Zentrum und daran angrenzend. Belgrad ist eine gute Wahl für Leute, die einen ruhigen Ort suchen, um sich eine Zeitlang niederzulassen und ein Geschäft aufzubauen. Für Wochenendausflüge hat man alle Balkan-Länder vor der Tür.

3 XI'AN, CHINA

China ist vielleicht keine naheliegende Wahl als Basis für digitale Nomaden, aber zweitrangige Städte wie Xi'an bieten eine faszinierende Arbeitsumgebung, gutes Essen, niedrige Lebenshaltungskosten und die Chance, eine der dynamischsten Ökonomien der Welt kennenzulernen. Um wirklich viel von der Stadt zu haben, ist allerdings das Lernen von Mandarin Voraussetzung.

4 LWIW, UKRAINE

Lwiw hat sich in letzter Zeit zu einem dynamischen Ort für Geschäfte entwickelt. Die am wenigsten sowjetisch anmutende Stadt der Ukraine hat eine lebhafte Kaffeehaus-Szene, eine reiche Kultur und viele Co-Working-Spaces mit schnellem Internet. Sein kompaktes, hübsches Zentrum ist sicher reizvoll für viele digitale Nomaden, vor allem mit den niedrigen Lebenshaltungskosten und der schnellen Erreichbarkeit von Krakau, Polen und vielen anderen Städten Europas.

5 BOCAS DEL TORO, PANAMA

Eine Reihe idyllischer karibischer Inseln mag nicht gerade nach dem Ort klingen, an dem man harte Arbeitstage verbringen möchte, aber der Archipel hat ein kleines, wachsendes Netzwerk aus Co-Working-Spaces und eine größer werdende Nomadengemeinschaft. Komm wegen des Strandes, bleib wegen des WLANs, scheint das Motto zu sein; die Arbeitspausen kann man mit Scuba-Tauchen, Trips in Nationalparks und einem lebendigen Nachtleben füllen.

6 BISCHKEK, KIRGISTAN

Billige, großzügige Unterkünfte, eine solide technische Infrastruktur und bequeme Visa Runs nach Kasachstan sind die großen Pluspunkte für die Hauptstadt Kirgistans. Wie viele Städte in ehemaligen Sowjetstaaten liegt Bischkek abseits der Mainstream-Reisekarte, aber die Berge sind ein toller Abenteuerspielplatz für die Zeiten, in denen man nicht im Co-Working-Space Codes tippt.

7 TARIFA, SPANIEN

Mit seinen exorbitanten Lebenshaltungskosten ist Barcelona von der Must-do-Liste vieler digitaler Nomaden verschwunden, aber das ruhig-lässige Tarifa an der Küste Andalusiens nahe Cádiz ist zum boomenden Zentrum für Reisende geworden, die in ihren Pausen gern kiten. Die Infrastruktur ist bescheiden, aber in der Entwicklung: Es gibt eine Handvoll Co-Working-Hostels mit zugehörigen Arbeitsplätzen und Cafés mit freiem WLAN.

8 SOFIA, BULGARIEN

In Sofia gibt es eine Menge, was Nomaden gefallen könnte: preiswertes Leben, schnelles Internet, eine reiche Geschichte, viele Co-Working-Spaces und leichtes Reisen nach Griechenland, in die Türkei, nach Rumänien und in die Balkanländer. Bulgariens Zugehörigkeit zum Schengenraum bedeutet, dass Nicht-Europäer hier leicht reisen und arbeiten können. Die Nomadenszene ist klein – wem ein großes Netzwerk wichtig ist, für den ist es eher nicht der richtige Ort.

9 TAGHAZOUT, MAROKKO

Marokko hat eine lange Geschichte unkonventioneller Expats, und digitale Nomaden sind nur die jüngste Gruppe, die an der nordafrikanischen Küste ihre Zelte aufschlägt. Mit seiner expandierenden Start-up-Szene, schnellem Internet und tollen Surfmöglichkeiten ist Taghazout eher bei Nomaden am lässig-lockeren Ende des Spektrums beliebt – toll für die, die Freizeit genauso schätzen wie Arbeitszeit.

10 QUITO, ECUADOR

Quito gesellt sich zu den zahlreicher werdenden südamerikanischen Städten, die Nomaden anziehen, bietet aber eine andere Erfahrung. Die ecuadorianische Hauptstadt ist das Tor zu den Anden und verspricht damit viele extreme Abenteuer für die Tage fern von Cafés und Co-Working-Spaces. Visa sind ein weiteres Plus: Die meisten Nationalitäten können ab der Einreise 30 Tage bleiben, mit einer Verlängerungsoption bis zu 90 Tage.

FOTO: OUTPOST CANGGU, BALI

INSPIRATION: GESCHICHTEN DIGITALER NOMADEN

Matthew Kepnes

Matt Kepnes, Autor und Gründer von www.nomadicmatt.com

WAS HAST DU GEMACHT, BEVOR DU DIGITALER NOMADE WURDEST?

Bevor ich anfing zu reisen, tat ich das Gleiche wie die meisten Amerikaner: von 9 bis 5 arbeiten. Ich hatte das College beendet und arbeitete in der Krankenhausverwaltung in Boston, wo ich aufgewachsen war. 2005 traf ich in einem Urlaub in Thailand ein paar Backpacker, und diese Begegnung führte zu einem Einstellungswechsel: Ich kündigte meine Arbeit und reiste durch die Welt. Sobald ich wieder zu Hause war, sparte ich alles Geld, machte massenhaft Überstunden und kündigte dann meinen Job, um zu reisen.

WAS FÜHRTE DAZU, DASS DU ANFINGST, EINEN REISEBLOG ZU SCHREIBEN?

Ursprünglich wollte ich meinen Blog als Sprungbrett nutzen, um bezahlte Schreibjobs zu finden. Im Hinterkopf hatte ich die Vorstellung, für Lonely Planet zu arbeiten und wie eine Art Mischung aus Bill Bryson und Anthony Bourdain um die Welt zu reisen. Ich habe überhaupt nicht erwartet, dass der Blog ein Erfolg werden würde. Anfangs habe ich mir dauernd wegen der technischen Seite der Sache die Haare gerauft. Sich in WordPress und SEO einzuarbeiten, zu lernen, wie man schreibt und wie man sein Schreiben vermarktet, war ein harter Kampf. Aber als ich immer mehr Follower bekam, verbrachte ich mehr Zeit mit Schreiben und behandelte meine Website wie ein potenzielles Geschäft. Je mehr ich es tat, desto mehr mochte ich es, und je besser ich wurde, desto mehr wollte ich es weitermachen.

WAS WÜRDEST DU SAGEN, WAREN DIE GRÖSSTEN HERAUSFORDERUNGEN, MIT DENEN DU KONFRONTIERT WARST?

Ich denke, dass Selbstzweifel etwas sind, mit dem sich die meisten Unternehmer und Selbstständigen herumschlagen. Habe ich die Fähigkeiten? Kann das wirklich funktionieren? Und bin ich blöd, meinen sicheren Job zu kündigen und dieses Risiko auf mich zu nehmen? Diese Fragen hat man dauernd im Hinterkopf, und es kann sich rächen, wenn man sich nicht mit ihnen beschäftigt. Sorgen und Ängste sind ständige Herausforderungen, aber ich tue mein Bestes, um eine Lösung im Kopf zu haben, damit ich sie in Schach halte.

FÜHLST DU DICH MANCHMAL EINSAM UNTERWEGS?

Online zu arbeiten, ist ziemlich weit entfernt von dem, was man auf Social Media sieht. Die meiste Zeit hockt man über seinen Computer gebeugt in einem Café (oder im Flughafen oder Hostel oder Co-Working-Space oder am Bahnhof) und tippt und tippt, während die Zeit vergeht. Als introvertierter Mensch macht mir die Isolation nicht unbedingt etwas aus. Aber ich weiß auch, dass es sich rächen kann, wenn ich mich nicht aktiv um Kontakte bemühe. Es ist eine Verführung, Tag für Tag vor seinem Laptop zu verbringen. Um das zu vermeiden, suche ich immer nach Veranstaltungen oder Meet-ups vor Ort. Es gibt massenhaft Apps und Online-Plattformen, daher schaue ich da, was ich finde, wenn ich Gesellschaft brauche. Und die Treffen benutze ich dann als Sprungbrett, um mir eine breitere Community zu schaffen.

WAS WÜRDEST DU JEMANDEM RATEN, DER DARAN DENKT, DAS GLEICHE ZU MACHEN?

Man liest viel zu oft von Leuten, die einfach ihren Job kündigen und dann in die Welt der Freien springen, die von unterwegs arbeiten. Das ist eine schreckliche Idee. Immer erst hinschauen, bevor man springt! Das heißt, man muss einen Plan haben. Das heißt, man muss etwas können, um damit zu beginnen. Das heißt, man muss genug Ersparnisse haben, um anzufangen. Planen und vorbereiten und dann erst springen.

Jazzie Mas

Jazzie Mas, Online-Lehrerin und Direktorin von www.blackdigitalnomad.com

WAS HAT DICH INSPIRIERT, DIGITALE NOMADIN ZU WERDEN?

Bevor ich losfuhr, um durch die Welt zu reisen, war ich Markenbotschafterin und Gesundheits- und Wellness-Beraterin. Ich hatte auch ein kleines Geschäft, stellte biologische Gesichtspflegeprodukte her und verkaufte sie auf Märkten; aber ich hatte nicht das Gefühl, das erfüllte Leben zu führen, das ich eigentlich führen wollte. Außerdem empfand ich die Rassenschranken in den USA immer erdrückender und wollte da raus. Mein Ehemann und ich beschlossen, sechs Monate am Strand von Mexiko zu leben, und nach drei Monaten wussten wir, dass wir so die ganze Zeit leben wollten. Also mussten wir einen Weg finden, wie das funktionieren konnte.

WAS HAST DU GETAN, UM ARBEIT ZU FINDEN?

In Mexiko haben wir Leute getroffen, die von unterwegs arbeiteten, und so haben wir uns dafür interessiert, was sie für ihr Einkommen taten. Anfangs lebten wir von unseren Ersparnissen, während wir unsere Geschäfte aufbauten. Ich machte weiter Gesundheitsberatung, dann fing ich an, online Englischkurse zu geben, und wir fanden neue Wege, um unsere Leidenschaft in Profit umzuwandeln. Meine Tipps? Sei beständig. Sei hartnäckig! Heute ist es einfacher als je, ein Geschäft zu gründen, aber deswegen gibt es auch mehr Konkurrenz; also muss man sich abheben, sonst geht man in der Menge unter. Trends ändern sich schnell, man muss in seinem Bereich topaktuell bleiben. Und nichts ist so wichtig wie persönliche Verbindungen – man muss rausgehen und netzwerken!

WAS HAT DICH DAZU GEBRACHT, DIE WEBSITE BLACK DIGITAL NOMAD INS LEBEN ZU RUFEN?

Als ich anfing, über digitale Nomaden zu recherchieren, habe ich niemanden gesehen, der so aussah wie ich. Sich zu präsentieren, bewirkt etwas, und ich wollte anderen Farbigen zeigen, dass dieser Lebensstil auch für uns möglich ist. Und ich wollte auch einen sicheren Ort schaffen, an dem Farbige ihre Erfahrungen austauschen können, ohne dass unsere weißen Kollegen uns den Mund verbieten oder uns sagen, was wir tun sollen. Meine größte Herausforderung war, die Markenfirmen dazu zu bringen, mir genauso viel zu bezahlen wie meinen weißen Kolleginnen – was besonders ärgerlich ist, wenn man bedenkt, wie viele Trends von Schwarzen angestoßen werden. Ein Problem ist auch, dass ich darauf achten muss, an Orte zu reisen, die für Farbige sicher sind.

WAS WAREN DIE BESTEN UND SCHLIMMSTEN (ODER BESSER SCHWIERIGSTEN) ORTE, AN DENEN DU WARST?

Bis jetzt habe ich jeden Ort geliebt, an dem wir waren: Playa del Carmen, Bali, Chiang Mai, Da Nang in Vietnam. In Ubud war das Internet schrecklich – und für digitale Nomaden ist das Internet Lebensgrundlage –, aber an so verschiedenen Orten in der Welt zu leben, hat mir gezeigt, wie anpassungsfähig ich sein kann.

FANDEST DU ES LEICHT, ALS DIGITALE NOMADIN DEINEN LEBENSUNTERHALT ZU VERDIENEN?

Es ist nicht so schwer, online Geld zu verdienen, aber mein Geschäft so aufzubauen, dass es ein regelmäßiges Einkommen abwirft, war schon schwierig – es war viel mehr Arbeit, als nur sich einzuloggen und Englisch zu unterrichten. Und weil alle gern von unterwegs arbeiten möchten, ist die Konkurrenz hart.

WAS WÜRDEST DU JEMANDEM RATEN, DER DARAN DENKT, DAS GLEICHE ZU MACHEN?

Probiere es! Dieser Lebensstil hat viele verschiedene Formen, finde heraus, was bei dir funktioniert. Es ist auf jeden Fall möglich, aber es ist nicht so einfach, wie es auf Instagram aussieht, darauf sollte man nicht hereinfallen.

Daniel Clarke

Daniel Clarke, Fotograf, Webdesigner und Blogger auf www.danflyingsolo.com

WAS HAT DICH INSPIRIERT, DIGITALER NOMADE ZU WERDEN?
Als ich mich mit meinem One-Way-Ticket aus London aufmachte, hatte ich keine Ahnung, dass dies die Richtung war, die ich einschlagen wollte. Ich hatte gerade meinen Job als Restaurantmanager aufgegeben, nicht weil ich ihn hasste, sondern weil ich eine Veränderung brauchte. Ich wollte reisen und herausfinden, was ich als Nächstes tun würde, und in diesen ersten Monaten auf meinen Reisen durch Südostasien und Australien wurde mir klar, dass ich unbedingt fotografieren wollte. Ich merkte auch, dass mein Büro überall sein konnte.

HATTEST DU BEDENKEN, EIN NOMADENLEBEN ANZUFANGEN?
Nachdem ich losgefahren bin, hatte ich erst mal all diese üblichen Gefühle nicht, auch nicht die, ob es funktionieren und ob ich genug Geld verdienen würde. Aber die kamen dann später, als ich meine Reise als digitaler Nomade begann, und dann waren sie intensiv. Die größte Sorge war die ständige Furcht, ohne Geld dazusitzen. Der Erfolg hängt stark davon ab, wie sehr man in der Lage ist, sich am Anfang reinzuhängen, vor allem wenn man auch noch eine neue Karriere anfängt. Ich hatte ein paar ganz schön üble Tiefs – es gab Tage, an denen ich immer vom selben Brot aß, und es gab Flüge in ein neues Land, auf denen ich nicht wusste, ob ich mir das gebuchte Hotel tatsächlich leisten konnte – das hing davon ab, ob eine ausstehende Rechnung bezahlt werden würde.

WAS WAREN DIE HAUPTSÄCHLICHEN HERAUSFORDERUNGEN?
Manchmal war es eine Achterbahn, und ein bisschen mehr finanzieller Spielraum wäre gut gewesen. Ich glaube, ich habe das Nomadenleben zu sehr romantisiert, vielleicht weil es nicht wirklich meine Absicht war, ein Nomade zu werden, als ich von zu Hause weg bin. Ich sah immer Leute, die in Cafés saßen, Skype-Meetings hatten und scheinbar nur halbtags arbeiteten. Mir war nicht klar, dass hinter all den so entspannt wirkenden Momenten eine ständige Jagd nach gutem WLAN und ungewöhnliche Arbeitszeiten standen.

FÜHLST DU DICH MANCHMAL EINSAM UNTERWEGS?
Ein Nomadenleben zu führen, kann manchmal etwas einsam sein, daher ist es hilfreich, sich eine Gruppe Freunde zu suchen, wenn man irgendwo ankommt. Um einen Nomaden-Burnout und Einsamkeit zu vermeiden, lässt man sich am besten eine Weile an einem Ort nieder und schafft sich so etwas wie ein Heimatgefühl.

WAS WAREN DIE BESTEN UND SCHLIMMSTEN (ODER BESSER SCHWIERIGSTEN) ORTE, AN DENEN DU WARST?
Bali war am entspanntesten. Es gab viele Co-Working-Plätze und einen beständigen Strom von Besuchern. Ich habe viel leichter Anschluss an die einheimische Nomaden-Community gefunden. Australien und Neuseeland waren zwei der schwierigsten Länder, weil alles teurer war und es mehr ständig dort lebende Co-Working-Leute gab als eine Umgebung mit digitalen Nomaden.

WAS WÜRDEST DU JEMANDEM RATEN, DER DARAN DENKT, DAS GLEICHE ZU MACHEN?
Von mir kommt immer ein lautes »Ja«, wenn mich Leute fragen, ob sie den Sprung ins digitale Nomadenleben machen sollen, aber etwas (extra) Geld auf der Bank zu haben, ist zweifellos der wichtigste Tipp, den ich geben würde. Und man sollte dran denken, ein Netzwerk aufzubauen und auch eine eigene Nomaden-Community.

Doug Murray

Doug Murray, Content-Autor und Marketing-Experte, www.dougmurrayproductions.com

WAS HAT DICH INSPIRIERT, DIGITALER NOMADE ZU WERDEN?
Ich war ganztags bei der kanadischen Fernsehindustrie angestellt und arbeitete über die Jahre in vielen verschiedenen Bereichen – Produktion, Nachrichten und Marketing, alles Fähigkeiten, die in der Zukunft nützlich sein würden –, aber als ich mehr reiste, fand ich es schwierig, meine Trips auf ein paar Wochen im Jahr zu beschränken. Ich beschloss, dass es für mich besser wäre, die Vollzeitarbeit aufzugeben und Freelancer zu werden.

WIE HAST DU ARBEIT GEFUNDEN?
Mehrere Fähigkeiten zu haben, ist eine der Sachen, mit der dieses Leben funktioniert. Je mehr Dinge man tun kann, desto mehr Jobs kann man annehmen. Bis vor Kurzem brauchte ich mich nicht weiter zu bemühen, um Arbeit zu finden. Ich hatte ein paar große Kunden und alle Arbeit, die ich wollte. Das ändert sich jetzt, ich bin immer mehr ein Teil der Gig-Economy, aber weil ich viele Fähigkeiten habe, gibt es da draußen immer noch viele Gelegenheiten für mich. Ich habe immer noch eine Wohnung in Kanada, aber ich vermiete sie, wenn ich weg bin, so kann ich auf lange Trips gehen und zurückfahren, um bei den kanadischen Fernsehstationen zu arbeiten, wenn das nötig ist.

WIE HAST DU GELD VERDIENT?
Anfangs war es schwierig. Ich hatte ein bisschen gespart, aber nicht genug. Ich hatte auch noch Schulden von vorher, und auch wenn ich an einem Ort mit billigen Unterhaltskosten wohnte, musste ich trotzdem richtig Geld verdienen, um meine Rechnungen zu Hause zu bezahlen. Eine Zeitlang habe ich die Augen davor verschlossen, und meine Schulden wuchsen – das würde ich nicht empfehlen! Weil ich in der relativ kleinen kanadischen Fernsehindustrie gearbeitet hatte, war mein berufliches Netzwerk ziemlich groß, und in der ersten Zeit kam die Arbeit zu mir. Aber wegen Kürzungen in den Medien und größer werdender Konkurrenz muss ich mehr strampeln, um Arbeit zu finden, und die Jobs sind nicht so langfristig und schlechter bezahlt. House-Sitting hat mir geholfen, meine Kosten zu reduzieren, aber an manchen Tagen frage ich mich, ob das weiter ausreichen wird.

WIE SCHAFFST DU ES, WEITER VON UNTERWEGS ARBEITEN ZU KÖNNEN?
Vor ein paar Jahren habe ich etwas über House-Sitting geschrieben, und das hat mir die Augen geöffnet. Ich hatte in Kanada für Freunde auf Tiere und Häuser aufgepasst, aber plötzlich sah ich all diese tollen langfristigen House-Sitting-Jobs im Ausland, die auf verschiedenen Websites aufgelistet sind. Der erste, den ich annahm, war für ein paar Monate in der Nähe von Galway, Irland, und dort eine Wohnung zu mieten, wäre extrem teuer gewesen. Und so bekam ich im Austausch dafür, dass ich für zwei Katzen sorgte, ein bequemes Haus, in dem ich umsonst für mehrere Monate wohnen konnte. Keine Wohnungskosten bezahlen zu müssen, nimmt viel Druck. In den letzten paar Jahren habe ich lange Zeiten mit House-Sitting in Kanada, Guatemala, Irland und Schottland verbracht.

WAS WÜRDEST DU JEMANDEM RATEN, DER DARAN DENKT, DAS GLEICHE ZU MACHEN?
Ich habe mehr als ein Jahrzehnt mit Reisen und Online-Arbeit zugebracht. Ich werde sicher nicht reich, aber ich hatte fantastische Erlebnisse und ich würde die Zeit um nichts in der Welt eintauschen wollen. Versucht vor dem Losfahren Jobs zu organisieren, spart Geld als Polster, schleppt keine Schulden mit und lernt immer weiter dazu. Betreibt Networking, Networking, Networking, und scheut euch nicht, euch selbst zu vermarkten.

Steve Waters

Steve Waters, Reiseautor und Datenbankverwaltungsmanager für Lonely Planet.

WAS HAT DICH INSPIRIERT, DIGITALER NOMADE ZU WERDEN?

Ich war immer ein Reisender, sogar schon vor der technischen Revolution in den 2000ern habe ich in acht verschiedenen Städten auf dem ganzen Globus gelebt und gearbeitet. Nach dem Aufkommen von schnellem Internet, WLAN und Smartphones war es nicht mehr nötig, in einer bestimmten Stadt zu wohnen, und so kann ich jetzt von (fast) überall arbeiten. IT-Support von unterwegs bedeutet, dass man alles häufig überprüfen muss, also habe ich immer ein Smartphone und einen Laptop dabei. Wenn etwas zu tun ist, bleibe ich an einem Ort, bis das Problem gelöst ist, und ich sage der Firma immer Bescheid, wenn ich mal nicht erreichbar bin.

VON WO AUS ARBEITEST DU NORMALERWEISE?

Am besten arbeite ich in meiner Unterkunft, dann in Cafés, Bibliotheken und Besucherzentren. Ich habe auch von meinem Fahrzeug aus gearbeitet, wenn ich Handyempfang hatte – einmal parkte ich neben dem Vlamingh Head Lighthouse, während Wale am Ningaloo Reef spielten.

WAS SIND DIE GRÖSSTEN HERAUSFORDERUNGEN, DENEN DU DICH AUSGESETZT SAHST?

Die langen Entfernungen und die Abgeschiedenheit von Outback Australien, wo die Orte durch Hunderte von Kilometern getrennt sind und die Verbindungen über Satelliten-WLAN laufen und man pro Megabyte zahlt. Schlechte Straßen, unerträgliche Hitze und Millionen Fliegen kommen dazu, und wenn man eine Panne hat, gibt es keinen verdammten Handyempfang, um gerettet zu werden. Als ich einmal in Kimberley arbeitete, fiel meine Laptop-Batterie aus und ließ sich nicht aufladen, und mein Handy und meine DSLR-Kamera waren ins Wasser gefallen, und schließlich fuhr ich 600 Kilometer nach Darwin, wo ich ins Internet kam und mehrere Stunden arbeitete, um ein IT-Problem bei Lonely Planet zu beheben. Dann verließ ich die Stadt bei Sonnenaufgang und fuhr 600 Kilometer zurück nach Kimberley, wobei ich nur in Katherine anhielt, um ein neues Telefon zu kaufen. Im Iran dachte ich einmal, ich wäre für Monate ohne Empfang, aber meine Firmen-E-Mail funktionierte, während meine private blockiert war (und beide waren Gmail). Telegram und Four Square funktionierten super, Facebook und WhatsApp gar nicht. Und vergiss Online-Banking: Ich bin mit 4000 US-Dollar Bargeld herumgereist.

HAT DIE REALITÄT, UNTERWEGS ZU ARBEITEN, DEINE ERWARTUNGEN ERFÜLLT?

Immer! Ein Bier zu trinken und einen Sonnenuntergang über dem Indischen Ozean zu beobachten, während man arbeitet, wird immer ein fensterloses Büro ausstechen. Ich bin auch immer wieder erstaunt über die Internetverbindungen anderer Länder – Nepal, Argentinien, Iran, Russland haben viele und freie WLAN-Spots, die das ländliche Australien in den Schatten stellen.

WAR ES EINFACH, SICH DEN NOMADEN-COMMUNITIES IM LAND ANZUSCHLIESSEN?

Die Kameradschaft unter Nomaden nimmt exponentiell mit der Abgeschiedenheit oder der Schwierigkeit der Reise zu. Die meisten Reisenden heute machen irgendetwas online, sei es Arbeit, ein Blog oder Aktienhandel. Man kommt mit anderen Reisenden zusammen und findet die Nomaden.

WELCHEN RAT WÜRDEST DU ANDEREN DIGITALEN NOMADEN GEBEN?

Sich nicht auf alte Technik verlassen, alles vor der Abreise upgraden und sicherstellen, dass alles funktioniert. Es ist erstaunlich, wie kleine Dinge wie Batterien, Ladegeräte, Software-Updates, Banking und gesperrte Social-Media-Apps einen ausbremsen können. Eine gute Batterie-Lebensdauer muss unbedingt sein!

Alex Reynolds

Alex Reynolds, Reisebloggerin und Chefin von Rambling bei www.lostwithpurpose.com

WARUM WURDEST DU DIGITALE NOMADIN?

Nach der Highschool wollte ich ein Sabbatjahr nehmen, und meine Eltern sagten »Himmel, nein«. Aber meine Träume waren größer als amerikanische zweiwöchige Urlaube. Erst sieben Jahre später wurden die Dinge Realität. Ich war Grafikdesignerin mit Fernweh in Holland, und dieses Mal gab es niemanden, der mich stoppen konnte.

WAS WAREN DIE ERSTEN SCHRITTE?

Fürs Reisen braucht man Geld, also war meine erste Priorität zu sparen. Bis auf Wichtiges für die Reise verkaufte ich alles auf Märkten oder online und beendete die Miete für mein Apartment. Mein Ziel war es, 12.000 Dollar für ein Jahr reisen zu sparen – Bohnen, Reis und Netflix ersetzten meine Ausgehabende mit Freunden. Als ich meine Arbeit kündigte, handelte ich mit meinem Arbeitgeber eine Vereinbarung aus: Die Firma würde mich weiter für Designprojekte einsetzen. Ich glaube, dieser Schritt ist sehr wichtig. Es ist einfacher, von jemandem Arbeit zu bekommen, für den man schon gearbeitet hat, und die neuen Kunden empfehlen einen dann weiter – zweifellos der beste Weg, neue Auftraggeber zu finden. Gleichzeitig richtete ich einen Reiseblog ein. Vor meiner Reiseplanung hatte ich noch nie von Reiseblogs gehört, aber als ich erfuhr, dass das Geld einbringen konnte, war ich fasziniert. Fotografie, Design, Programmieren, Marketing, Zeit auf Instagram vertrödeln – das alles schien genau mein Ding zu sein, und was hatte ich zu verlieren? Wenn es schief ging, würde es wenigstens meinen Geist vorm Veröden bewahren, und Erfolg würde heißen, den Traum vom Geldverdienen durchs Reisen zu leben. Drei Jahre später, da ich nicht tot bin, würde ich sagen, ich bin mäßig erfolgreich.

WIE FINDEST DU UNTERWEGS ARBEIT?

Alte und neue Kunden bieten mir regelmäßig Aufträge an, genug, um mir den Luxus gönnen zu können, »nein« zu sagen, und mit meinem Blog verdiene ich eine kleine Zugabe mit Werbung, Affiliate-Marketing und Aufträgen. Wenn eines meiner Einkommen aus irgendeinem Grund schwächelt – eine schlechte Zeit im Jahr, Mangel an Kunden, technische Gründe –, kann ich mich auf die anderen stützen, um mich zu versorgen. Aber es ist nicht einfach. Ein regelmäßiges Einkommen habe ich erst seit Kurzem, und Reisen und Arbeiten im Einklang zu halten, ist ein ständiger Kampf. Wenn ich zu abgelegenen Destinationen reise, verbringe ich genauso viel Zeit damit, nach Internetempfang zu suchen, wie mit meiner Arbeit. Und als weibliche digitale Nomadin in einer männlich dominierten Domäne leide ich unter herablassenden Männern, die annehmen, die einzige Art, wie ich Geld verdiene, ist das Verkaufen meines Hinterns auf Instagram.

ENTSPRICHT DER LEBENSSTIL DEINEN ERWARTUNGEN?

Ist das »der Traum«? Ja und nein. Ich bin glücklich, aber oft gestresst. Reiseträume sind oft komplizierte Realitäten. Ich bin tagelang für einen Skype-Anruf eine der höchsten Straßen der Welt entlang getrampt. Ich bin Berge hochgeklettert, nur um E-Mails zu verschicken. An manchen Tagen hätte ich meine elektronischen Geräte am liebsten von einer Klippe geworfen. Aber öfter bin ich in das Leben verliebt, das ich mir geschaffen habe. Ob mein Nomadentum nun längerfristig anhält oder nicht, ich bedaure es nicht.

WAS WÜRDEST DU JEMANDEM RATEN, DER DARAN DENKT, DAS GLEICHE ZU MACHEN?

Den Grundstein vor der Abreise legen. Das Geschäft aufbauen, Kunden finden und genug Geld sparen. Wenn man seinen Arbeitsbereich schon gefunden hat, ist es einfacher, in der Spur zu bleiben. Traditionelle Nomaden hätten sich niemals ohne Vorbereitung ins Unbekannte aufgemacht; das sollte auch ein digitaler Nomade nicht tun.

Quellen

Ihr schneller A–Z-Führer mit wichtigen Apps und Websites; die in diesem Buch erwähnten sind durch weitere ergänzt.

UNTERKUNFT

Apartments und Zimmer zur Miete

Airbnb (www.airbnb.com)
GoBeHere (www.gobehere.com)
HolidayLettings (www.holidaylettings.com)
HomeAway (www.homeaway.com)
Nomad Rental (www.nomadrental.com)

Co-Living

CoLiving (www.coliving.com)
Digital Nomad House (www.digitalnomadhouse.net)
Outside (www.outsite.co)

Couchsurfing

Couchsurfing.com (www.couchsurfing.com).

Hostels und Hotels

Booking.com (www.booking.com)
HostelWorld.com (www.hostelworld.com)
Hotel Tonight (www.hoteltonight.com)
Hotels.com (www.hotels.com)
TripAdvisor (www.tripadvisor.com)

House-Sitting

Housecarers (www.housecarers.com)
House Sitting World (www.housesittingworld.com)
MindMyHouse (www.mindmyhouse.com)

APPS FÜR DIE SICHERHEIT

BSafe (www.getbsafe.com)
CDC Apps (www.cdc.gov)
CityMapper (www.citymapper.com)
ICE – In Case of Emergency (Sylvian Lagache)
Offline Survival Manual (Ligi)
SmartTraveler (http://travel.state.gov)

APPS FÜR DIE REISE

Facebook (www.facebook.com)
Instagram (www.instagram.com)
Livetrekker (www.livetrekker.com)
Skype (www.skype.com)
Rebtel (www.rebtel.com)
Toggl (www.toggl.com)
Touchnote (www.touchnote.com)
Tripcast (www.tripcast.co)
TripIt (www.tripit.com)
Viber (www.viber.com)
WhatsApp (www.whatsapp.com)

BLOGGING

Plattformen

Blogger (www.blogger.com)
Constant Contact (www.constantcontact.com/website/builder)
Gator (www.hostgator.com/website-builder)
Wordpress.com (www.wordpress.com)
Wordpress.org (www.wordpress.org)

Tools

Gimp (www.gimp.org)
Google Analytics (https://analytics.google.com)
Google Docs (https://docs.google.com)
Google Keyword Planner (https://ads.google.com)
JPEGMini (www.jpegmini.com)
Yoast for Wordpress (www.yoast.com)

Werbung

Amazon Associates (www.affiliate-program.amazon.com)
Google AdSense (www.google.com/adsense)
Infolinks (www.infolinks.com)
Media.net (www.media.net)

ARBEIT FINDEN

Allgemeine Jobseiten

CareerBuilder (www.careerbuilder.com)
Flexjobs (www.flexjobs.com)
Fiverr (www.fiverr.com)
Freelancer (www.freelancer.com)
Indeed (www.indeed.com)
Monster (www.monster.com)
People Per Hour (www.peopleperhour.com)
Reed (www.reedglobal.com)
Remote (www.remote.co)
We Work Remotely (www.weworkremotely.com)
Working Nomads (www.workingnomads.co)
Upwork (www.upwork.com)

Text

ProEdit (www.proedit.com)
Scribbr (www.scribbr.com)
Society for Editors & Proofreaders (www.sfep.org.uk)
Writing English (www.writingenglish.com)

Programmierung und Entwicklung

Arc (www.arc.dev)
Code Mentor (www.codementor.io)
Dzone (www.dzone.com)
Freelancer's Union (www.freelancersunion.org)
GitHub (www.github.com)
Just Remote (www.justremote.co)
RemoteOK (www.remoteok.io)
Stack Overflow (www.stackoverflow.com)

Grafikdesign

99 Designs (www.99designs.co.uk)
AngelList (www.angel.co)
Creative Market (www.creativemarket.com)
Freepik (www.freepik.com)

Musik

Audio Jungle (www.audiojungle.net)
Pond 5 (www.pond5.com)
Premium Beat (www.premiumbeat.com)

Fotografie

123RF (www.123rf.com)
500Px (https://web.500px.com)
Alamy (www.alamy.com)
Bigstock (www.bigstockphoto.com)
Getty Images (www.gettyimages.co.uk)
iStock (www.istockphoto.com)
Shutterstock (www.shutterstock.com)

Support, SEO und Marketing

Adbrands (www.adbrands.net)
Buzzsumo (www.buzzsumo.com)
Facebook Audience Insights (www.facebook.com/ads/audience_insights)
Google Analytics (https://analytics.google.com)
Search Engine Land (www.searchengineland.com)
SEO Round Table (www.seroundtable.com)
The Beginner's Guide to SEO from Moz (https://moz.com/beginners-guide-to-seo)
Twitter Analytics (https://analytics.twitter.com)
Virtual Assistant Handbook (www.thevahandbook.com)

Sprache und Übersetzung

Cambly (www.cambly.com)
CourseFinders (www.coursefinders.com)
English Hunt (www.englishuntusa.com)
Duolingo (www.duolingo.com)
Freelancer (www.freelancer.com)
Google Translate (https://translate.google.com)
iTranslate (www.itranslate.com)
NiceTalk (http://tutor.nicetalk.com)
One Hour Translation (www.onehourtranslation.com)
Palfish (www.ipalfish.com)
ProZ (www.proz.com)
QKids (https://teacher.qkids.net)
SayABC (https://t.sayabc.com)
Tandem (www.tandem.net)
TEFL (Teaching English as a Foreign Language; www.tefl.org)
TESOL (Teaching English to Speakers of Other Language; www.tesol.org)
Translate (www.translate.com/translators)
TripLingo (www.triplingo.com)
UnBabel (www.unbabel.com)
VipKid (https://t.vipkid.com.cn)

Videografie

Adobe Stock (https://stock.adobe.com)
Shutterstock (www.shutterstock.com)
Pond5 (www.pond5.com)

Webdesign und Webentwicklung

Adobe (www.adobe.com)
Adobe Portfolio (https://portfolio.adobe.com)
Behance (www.behance.net)
Codeacademy (www.codeacademy.com)
Coroflot (www.coroflot.com)
freeCodeCamp (www.freecodecamp.org)
Dribbble (www.dribbble.com)
SkillCrush (www.skillcrush.com)

Kreatives Schreiben

Creativepool (www.creativepool.com)
Freelance Writing (www.freelancewriting.com)
Lonely Planet (www.lonelyplanet.com)
OnlineNewspaperList (www.onlinenewspaperlist.com)
The Culture Trip (www.theculturetrip.com)
The Write Life (www.thewritelife.com)

ALLGEMEINES FÜR NOMADEN

Cloud Storage

DropBox (www.dropbox.com)
Google Drive (www.google.com/drive)

Co-Working-Spaces

CoWorker (www.coworker.com)
Croissant (www.getcroissant.com)

Destinationen: Tipps und Listen

Chris the Freelancer (www.christhefreelancer.com)
Entrepreneur (www.entrepreneur.com)
Nomad Gate (www.nomadgate.com)
Nomad List (www.nomadlist.com)

Networking

Facebook (www.facebook.com)
Google Meet (https://meet.google.com)
Instagram (www.instagram.com)
LinkedIn (www.linkedin.com)
Meetup (www.meetup.com)
Pinterest (www.pinterest.com)
Slack (www.slack.com)
Trello (www.trello.com)
Twitter (www.twitter.com)
Vimeo (www.vimeo.com)
YouTube (www.youtube.com)

Virtuelle private Netzwerke

Express VPN (www.expressvpn.com)
Nord VPN (www.nordvpn.com)

WLAN und Internetzugang

Boingo (www.boingo.com)
Flexiroam (www.flexiroam.com)
OpenWiFiSpots (www.openwifispots.com)
WiFi Free Spot (www.wififreespot.com)
WiFi Map (www.wifimap.io)
Wiman (www.wiman.me)

GELD

Apps für Geld

Splittr (www.splittr.io)
Starling (www.starlingbank.com)
Trabee Pocket (www.trabeepocket.com)
WeSwap (www.weswap.com)
XE (www.xe.com)

Buchhaltung und Steuern

Evernote (www.evernote.com)
Freshbooks (www.freshbooks.com)
Harvest (www.getharvest.com)
Quickbooks (https://quickbooks.intuit.com)
Worldwide Personal Tax and Immigration Guide von Ernst & Young (auf www.ey.com)

Bezahl-Tools

Apple Pay (www.apple.com/uk/apple-pay)

© 2020, THE HOUSE, LAS PALMAS / PH. ALEX BRAMWELL

Azimo (www.azimo.com)
Caxton FX (www.caxtonfx.com)
FairFX (www.fairfx.com)
Google Pay (https://pay.google.com)
Moneygram (www.moneygram.com)
OFX (www.ofx.com).
Paypal (www.paypal.com)
Revolut (www.revolut.com)
Transferwise (www.transferwise.com)
Western Union (www.westernunion.com)

REISEBERATUNG UND -INFORMATIONEN

Australian Department of Foreign Affairs & Trade (www.smartraveller.gov.au)
Foreign & Commonwealth Office (www.gov.uk/foreign-travel-advice)
New Zealand Department of Foreign Affairs & Trade (www.safetravel.govt.nz)
US State Department (http://travel.state.gov)

REISEGESUNDHEIT

Allergy Translation (www.allergytranslation.com)
Centres for Disease Control & Prevention (https://wwwnc.cdc.gov/travel)
Dr Deb, the Travel Doctor (www.thetraveldoctor.com.au)
Fight the Fakes (www.fightthefakes.org)
Select Wisely (www.selectwisely.com)
Travel Health Pro (www.travelhealthpro.org.uk)

REISEVERSICHERUNG

Safety Wing (www.safetywing.com)
True Traveller (www.truetraveller.com)
World Nomads (www.worldnomads.com)

TRANSPORT

Organisierte Nomadentrips

Hacker Paradise (www.hackerparadise.org)
Remote Year (www.remoteyear.com)
WiFi Tribe (www.wifitribe.co)

Taxi-Apps

Curb (https://mobileapp.gocurb.com) – Nordamerika
Didi Chuxing (www.didiglobal.com) – China
GrabTaxi (www.grab.com) – Südostasien
Line (www.linecorp.com) – Japan
Lyft (www.lyft.com) – Nordamerika
Ola (www.olacabs.com) – Indien
Uber (www.uber.com) – weltweit

Transport

Aviation Safety Network (www.aviation-safety.net)
Expedia (www.expedia.com)
Ferrylines (www.ferrylines.com)
Google Maps (https://maps.google.com)
Hipmunk (www.hipmunk.com)
Kayak (www.kayak.co.uk)
OneWorld (www.oneworld.com)
Rome2Rio (www.rome2rio.com)
Skiplagged (www.skiplagged.com)
Skyscanner (www.skyscanner.net)
SkyTeam (www.skyteam.com)
Star Alliance (www.staralliance.com)
The Flight Deal (www.theflightdeal.com)
The Man in Seat 61 (www.seat61.com)
Travel Pirates (www.travelpirates.com)
TravelZoo (www.travelzoo.com)

CO_2-Ausgleich

Climate Action Reserve (www.climateactionreserve.org)
Gold Standard (www.goldstandard.org)
Plan Vivo (www.planvivo.org)
Verra (www.verra.org)

VISA

Australian Working Holiday (https://immi.homeaffairs.gov.au/visas/getting-a-visa/visa-listing/work-holiday-417)
Best Onward Ticket (www.bestonwardticket.com)
Costa Rica Rentista Visas (www.migracion.go.cr/Paginas/Visas)
Estonia e-Residency (www.e-resident.gov.ee)
Estonia Start-up Visa (www.startupestonia.ee).
Visum für Freiberufler und Selbstständige in Deutschland (https://service.berlin.de/dienstleistung/305249/en)
Mexico Residente Temporal Visa (www.gob.mx/tramites/ficha/visa-de-residencia-temporal/SRE260)
One Way Fly (www.onewayfly.com)
ThaiLand's Hand-to-Hand Combat Visa (www.mfa.go.th/main/en/services)
Visa List (www.visalist.io)

© GEHRINGJ / GETTY IMAGES

REGISTER

NOTIZEN

Die Originalausgabe mit dem Titel „The Digital Nomad Handbook" ist 2020 im Verlag Lonely Planet Global Limited erschienen.

FOTOS: © wie angegeben 2020
COVERGESTALTUNG: © Muti/Folio Art
LAYOUT & DESIGN: Daniel di Paolo

DEUTSCHE AUSGABE © 2020 BRUCKMANN VERLAG GMBH
Infanteriestraße 11a
80797 München

VERANTWORTLICH: Carola Holzer
ÜBERSETZUNG AUS DEM ENGLISCHEN: Gabriele Lichtner
REDAKTION, SATZ & KORREKTORAT: Buch&media GmbH, München
UMSCHLAGADAPTION: Alexander Knoll
HERSTELLUNG: Bettina Schippel

Printed in Slovenia by Florjancic
ISBN: 978-3-7343-1994-5

★★★★★

Sind Sie mit diesem Titel zufrieden? Dann würden wir uns über ihre Weiter-empfehlung freuen.
Erzählen Sie es im Freundeskreis, berichten Sie Ihrem Buchhändler, oder bewerten Sie bei Onlinekauf.
Und wenn Sie Kritik, Korrekturen, Aktualisierungen haben, freuen wir uns über Ihre Nachricht an Bruckmann Verlag, Postfach 40 02 09, D-80702 München oder per E-Mail an lektorat@verlagshaus.de

Unser komplettes Programm finden Sie unter www.bruckmann.de

In diesem Buch wird aus Gründen der besseren Lesbarkeit das generische Maskulinum verwendet. Weibliche und anderweitige Geschlechteridentitäten werden dabei ausdrücklich mitgemeint, soweit es für die Aussage erforderlich ist.

Die Deutsche Nationalbibliothek verzeichnet diese Publikation in der Deutschen Nationalbibliografie; detaillierte bibliografische Daten sind im Internet über http://dnb.d-nb.de abrufbar.

MIX Paper from responsible sources FSC™ C021741 FSC www.fsc.org

Das Papier in diesem Buch ist nach den Standards des Forest Stewardship Council™ produziert. FSC™ fördert eine umweltfreundliche, sozial förderliche und ökonomisch tragfähige Bewirtschaftung von Wäldern.